月季栽培完全圣典

[日] 铃木满男　编著
新锐园艺工作室　组译
李　颖　高　彬　郭　伟　陈　飞　译

中国农业出版社
北　京

图书在版编目（CIP）数据

月季栽培完全圣典/（日）铃木满男编著；新锐园艺工作室组译.—北京：中国农业出版社，2020.9
（轻松造园记系列）
ISBN 978-7-109-26768-8

Ⅰ.①月… Ⅱ.①铃… ②新… Ⅲ.①月季－观赏园艺②玫瑰花－观赏园艺 Ⅳ.①S685.12

中国版本图书馆CIP数据核字（2020）第058167号

合同登记号：图字01-2019-5480号

月季栽培完全圣典
YUEJI ZAIPEI WANQUAN SHENGDIAN

中国农业出版社出版
地址：北京市朝阳区麦子店街18号楼
邮编：100125
责任编辑：国 圆 李海斌 郭晨茜
版式设计：国 圆 郭晨茜 责任校对：吴丽婷
印刷：北京中科印刷有限公司
版次：2020年9月第1版
印次：2020年9月北京第1次印刷
发行：新华书店北京发行所
开本：889mm×1194mm 1/16
印张：13
字数：400千字
定价：100.00元

内容协助：京成月季园艺株式会社
摄影协助：OAT Agrio　Gardener's Japan
京成月季园艺中心　Syngenta Japan
住友化学　住友化学园艺
日本曹达　拜耳作物科学公司日本公司
HYPONeX JAPAN　微生物农法研究所
藤原产业　三井化学AGRO
LIFETIME
版式设计：佐佐木荣子（KARANOKI DESIGN ROOM）
摄影：石崎义成、户井田秀美、中居惠子、仓本由美
插画：今井未知、小春AYA
写作协助：中居惠子、小野寺Fukumi
编辑协助：仓本由美（Brizhead）

KETTEIBAN UTSUKUSHIKU SAKASERU BARA SAIBAI NO KYOKASHO
supervised by Mitsuo Suzuki

序言

月季，蔷薇科蔷薇属，株型多样，品种繁多，花色瑰丽，芳香沁人，四季常开。既是中国十大传统名花之一，又是世界主要花卉，素有“花中皇后”之美誉，深受各国人民喜爱。

中国是月季的故乡，栽培历史悠久，早在梁武帝时代（502—547年），宫廷中已有蔷薇属植物栽培。最早记录月季的文献是宋代文学家宋祁的《益部方物略记》，宋代杨万里亦有《腊前月季》诗云：“只道花无十日红，此花无日不春风”。18世纪80年代，中国月季传入欧洲，与当地原产的蔷薇品种反复杂交和回交，直到1867年才诞生了花香、色艳、风姿绰约的法兰西（*Rosa* ‘La France’）月季，特别是它继承了中国月季多季开花的优良基因，标志着世界现代月季品种的诞生。正如陈俊愉先生所说：“现代月季是‘中国原料，欧洲制造’”；并总结出月季的五项美德“天性强健，生机勃勃；花香钮缸，姿韵优美；多情浪漫，意蕴丰富；品种丰富，变化无穷；开放包容，海纳百川”。随着人们对现代月季美的追求，世界各国育种家们不断培育出新品种，时至今日，现代月季已发展到3万余品种，株型各异，花色丰富，具有较高的观赏价值、食用价值及药用价值，再加上其对生态环境的适应性强，已作为园林绿化的主力军，被广泛栽植于世界各地，公园、街头、社区绿地、道路、庭院、阳台等，到处都有现代月季的倩影。以月季为主题的各种花展、专类园更比比皆是，月季专类园已成为文化交流、陶冶市民情操的天然场所。现代月季虽然对环境有较强的适应性，但如何养好月季，尽显其丰富的色彩、醉人的馨香、动人的姿态，一直是莳养者的追求，鉴于此，中国农业出版社引进出版《月季栽培完全圣典》一书，以满足大家爱月季、植月季、养月季、赏月季的需要，帮助大家实现自己的月季梦。

本书作者铃木满男是日本前京成月季园首席园艺设计师，从事月季栽培已40多年，拥有丰富的月季栽培、育种、园林设计、养护管理等经验与技术，在业界受到高度认可。本书内容丰富，涉及面广，涵盖月季的分类、形态特征、生长习性、开花方式等基础知识，又突显品种选择、苗木选购、盆栽月季和庭院月季的栽培技术、繁殖方法、整形修剪技术、四季养护技术，尤其是月季园的打造方法及经典设计案例详解，使其成为一本名副其实的月季栽培圣典。这本书配图精美，语言通俗易懂，可操作性极强，能系统化地帮助读者了解月季。既为月季栽培新手提供完全指南，又为有一定栽培基础的月季玩家传授进阶秘籍，可以满足普通市民、学生、爱好者和园林工作者不同层次的需求，是一本精美的实用技术参考书。

受邀为序，希望这本书得到大众的认可和喜爱。

北京植物园顾问　原园长　张佐双

教授级高级工程师

中国花卉协会月季分会理事长

享受国务院特殊津贴

张佐双印

前言

观赏枝头吐新绿，满溢着盛开的月季花，心情也会跟着缤纷靓丽起来。若是自己亲手栽培的月季，想必会泛起怜爱之心！

月季不是把苗种下去就能绽放美丽花朵的植物，只有健康强壮的植株才能开出美丽丰满的花朵。因此，必须在不同生长时期给予合适的照顾和管理。为了让月季能充分展现自身固有的超自然“美”，还需给予一点点守望相助。

用人类的成长过程去理解月季的生长过程，应该就很容易了。春天的新苗就像新生的小宝宝，不能粗鲁地对待，相较于较大的植株，在管理上要给予更细心的呵护。过了夏天，就进入有点顽皮的幼儿期了吧！经过第二年的学童期、第三年的青春期，逐渐长成如成人般强健结实的植株。成株后就要进行摘心、整形、修剪，促进枝叶增生，帮助其健康生长。生病的时候要帮它治病，调整“饮食”（基质或肥料），让它休息静养。这些事情不就跟人类的成长过程一样吗？

月季的栽培不能操之过急。若照顾得好，它可以陪伴你十年甚至二十年。施肥多不一定能让枝条生长旺盛，也不一定会让植株快点“长大成人”。况且，快速生长的植株就是强壮健康的植株吗？并非如此。在栽培管理上，只要让月季每年保持正常的生长量即可。

过度地照顾与保护，会让月季变得娇生惯养，无法靠自己的力量生长。不要过于呵护，适度地放手会比较好。健康的月季代表其抗性强，在生长过程中可减少药剂的使用量，若是抗病性强的品种，有可能实现无农药栽培。

本书是一本月季栽培百科全书，详细阐述了如何养出强健植株、开出美丽花朵的经验和诀窍。除了让你知道月季新苗和大苗的生长过程，还会阐明为何需要这样的栽培管理，为何要按照这样的程序进行。我超过四十年的月季栽培经验和心得会在本书里倾囊相授。读过本书，了解栽培管理的目的和培育健康植株的过程，即使遇到意外的麻烦也能应付自如。

培育出美丽绽放的月季花并非只是梦想。倾听月季的声音，给予适度的管理，月季就会用它美丽的身姿回应你。

任何人都能打造月季花簇拥盛开的美丽空间。

铃木满男

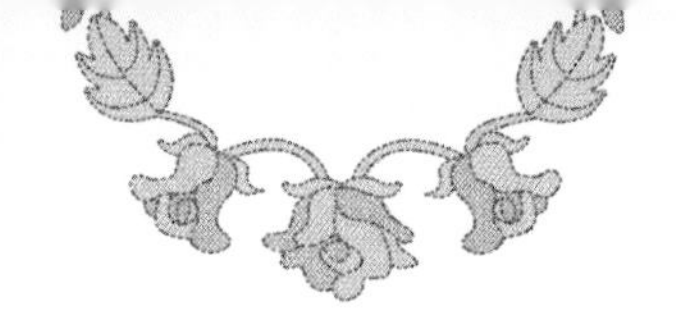

成为月季栽培高手！

月季12月栽培管理月历

庭院栽培

主要工作		1月	2月	3月	4月	5月
种植	种植	种植大苗			种植新苗（适合在吉野樱花盛开后进行）	
	移植	移植				
修剪	修剪・牵引・整形	冬剪、牵引（藤本月季的牵引）				
	摘心・抹芽			侧芽	花期调控	
	修剪花枝					修剪花枝
管理	防寒・防风	大苗的防寒				
	追肥・浇水	冬季施肥				
	病虫害防治			病虫害防治		
繁殖	扦插					扦插
	嫁接	盆栽（嫁接苗）	嫁接（切接）			
	压条					

盆栽

主要工作		1月	2月	3月	4月	5月
种植	种植・上盆	大苗种植			新苗种植（适合在吉野樱花盛开后进行）	
	换盆	大苗换盆 成苗换盆（2~3年换1次）			新苗换盆	
修剪	修剪・牵引・整形	冬剪、牵引（藤本月季的牵引）				
	摘心・抹芽			侧芽	花期调控	
	修剪花枝					修剪花枝
管理	放置场所	无霜场所				
	防寒・防暑・防风		防寒			
	追肥			施用有机肥（每月1次/从发芽开始）		
	浇水	依据天气情况进行浇水（冬天：温度上升后的早晨浇1次；夏天：气温凉爽的早晨和夜晚各浇1次）				
	病虫害防治			病虫害防治		

注：日历以日本关东地区以西为基准。

月季庭院栽培及盆栽12月栽培管理月历如下表。栽培时需根据当地生长环境和气候条件，适度微调最适作业时期。下表可以作为你栽培月季的参考指南。

6月	7月	8月	9月	10月	11月	12月
			移栽（从盆栽到庭院）		种植大苗	
整形		夏剪				牵引
笋芽、花蕾			少量的笋芽			
				修剪花枝		
		防风				大苗的防寒
	浇水（雨季）					冬季施肥
			扦插	扦插		
		嫁接（芽接）				
	压条		盆栽（嫁接苗）			

6月	7月	8月	9月	10月	11月	12月
			种植（从盆栽到庭院）		大苗种植	
	新苗换盆					
整形		夏剪				牵引
笋芽、花蕾			少量的笋芽			
				修剪花枝		
避雨场所（雨季）						
		防暑	防风			
		闷热的地区暂停施肥	施肥（每月1次）			

令人憧憬的月季庭院

欣赏月季绽放的风姿，是布置月季园最大的乐趣。身旁有月季环绕，心情也不禁变得绚丽多彩。下面介绍三个在春天和秋天能欣赏不同景致的美丽庭院。

▲庭院中央布置成像岛一样的月季花丛，盛开着白色花朵的‘阿斯匹林’与点缀着橘色花朵的‘古典焦糖’，巧妙地融为一体。

Rose Garden

小沢宅邸 * 日本千叶县柏市

面积约168米² ／月季约70株

安静的住宅区一角，有一个树丛环绕的月季庭院，女主人因偶然造访了其他月季园，感受到栽培月季的乐趣，就亲手打造了这座月季庭院。月季庭院的园艺工作有时较为繁重，也会请男主人帮忙。这个方形庭院里，不管是草皮通道还是角落，均经过精心设计，月季和草花也搭配得恰到好处，相得益彰。月季庭院的规划布局自然合理，花团锦簇，引人入胜，令人赏心悦目，流连忘返。

▼前方的‘伊夫·伯爵’和后方的‘卡琳卡’形成颜色的渐变。

▲种在花坛的‘笑颜’。

▲杂交茶香月季并排种植，面向邻家的花坛，色调鲜明的月季与四照花、花叶杞柳等绿植背景，以及种在基部的草花融为一体，绿意盎然，令人神清气爽。这些正在开花的月季是‘卡琳卡’‘维克多·雨果’‘伊豆舞娘’‘阿尔封斯·都德’。

▲左图花坛秋天的景致。在月季开花较少的夏天至秋天，用秋牡丹等植物来点缀庭院。

▲庭院一角的地面铺着瓷砖，还摆放了花园桌椅。坐在椅子上时，月季盛开的美景尽收眼底，这里是主人假日的休憩空间，橘色的‘笑颜’好似庭院中一束温暖的阳光。

▶多个盆栽月季并排放于庭院入口的通道两侧，布置成盆栽花道。依据花期或花色调整盆栽摆放的位置，为庭院景观增添变化。

▶用庭院里剪下来的月季装饰客厅的桌子，以这种方式处理月季的花枝也颇有乐趣。

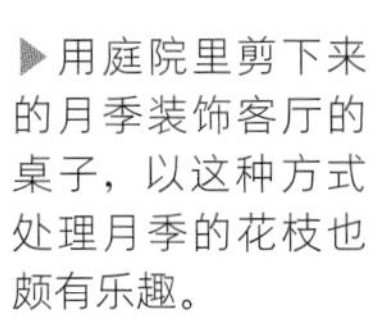

▲连接建筑物和庭院的拱门花架上，‘龙沙宝石’浪漫盛开，花朵满溢而下。

沿着通往月季花园的石板路前行，心里越发期待拱门的另一边有什么样的花儿在迎接。淡粉色花瓣的中心孕育有深色斑块的灌木月季‘万众瞩目’，从周围同色系月季中脱颖而出，成了吸睛主角。

Rose Garden

西冈宅邸 * 日本千叶县千叶市

面积约165米² ／月季约200株

西冈夫妇。月季选种虽然看似以夫人的意见为主，但是事实上先生也从网店不知不觉买了不少月季。月季让夫妻俩的共同话题越来越多。

沿着住宅区缓缓而上的斜坡往前走，盛开满溢的月季花海突然映入眼帘。西冈夫妇在自家住宅斜对面打造了一个只有月季的花园，里面种植了约200株月季。除了自家庭院，他们希望路过的行人也能饱览繁花盛开的美景，享受芬芳宜人的花香，夫妻俩怀着这样的心情管理这座花园。西冈先生每周带去公司一束月季花枝，他希望同事们也能享受月季的芬芳和美丽。这是一个被倾注了无限关爱，能愉悦心情的月季花园。

▲月季花园秋天的样子，除‘万众瞩目’外，还有紫色的‘卢森堡公主西比拉’等品种，即使在秋天也能享受赏花的乐趣。

▲角落的主角是紫红色的‘布罗德男爵’。

▶用来装饰拱门的粉红色英国月季「格特鲁德·杰基尔」散发着古代月季的浓郁香气。

▼甜蜜粉红系列的月季开满了整个花园。夫人说她喜欢月季的浪漫气氛。

▶往花园里面走，可看见用黄色月季装饰的拱门花架屹立着，像是在迎接客人。‘园丁的荣耀’攀缘在拱门上，其脚下是橘色的‘甜蜜生活’。

▲雨后，在众多低垂的花朵里傲然屹立着的是‘快拳’。

▲攀缘在入口附近拱门上的‘安吉拉’植株强健，枝条延伸力强，蔓延生长成漂亮的半圆形花丛。

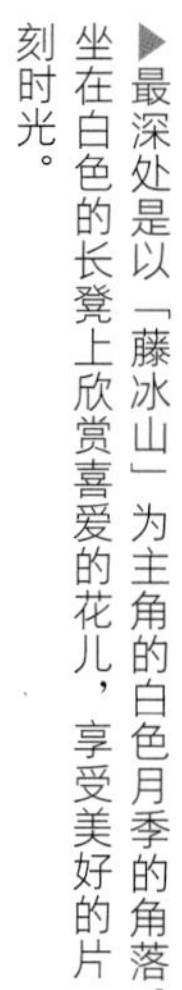

▶最深处是以「藤冰山」为主角的白色月季的角落。坐在白色的长凳上欣赏喜爱的花儿，享受美好的片刻时光。

米川宅邸

＊日本东京都多摩市
面积约82米^2／月季约90株

玄关旁边的棚架是男主人自己建的。用月季装饰建筑外墙，给周围的风景增添色彩。

米川先生原本的乐趣是布置自然风庭院，后来有一次在街上偶然经过一间种苗店，接触并感受到月季的魅力，从此便开启了月季栽培之旅。现在其住宅周边的月季爱好者变多了，一边交流月季栽培心得，一边相互比较月季开花的数量。随着月季数量的增加，日本山雀、绿绣眼、栗耳短脚鹎等鸟类也争相造访这个花园，米川先生很开心也非常欢迎小鸟们来帮忙吃虫，喜欢驻足厨房的窗边一边欣赏月季和小鸟，一边喝茶，这是栽培月季的乐趣之一。

▲玄关前的空间摆放了一列盆栽月季作为装饰，配合花期变换盆栽摆放的位置，也是一件很有趣的事。

大量盛开的月季似乎覆盖了整个棚架，主要以英国月季品种为主，包括‘帕特·奥斯汀’‘布莱斯之魂’‘黄金庆典’‘雪光’‘皇家日落’，颜色多姿多彩。

▼为了能眺望庭院里的月季，厨房墙面采用玻璃设计，在开放式的厨房里一边欣赏月季，一边制作美食，也别有一番乐趣。

▲从二楼的阳台眺望庭院，看起来好像月季把邻居庭院串联起来，感觉庭院变宽广了。

▶藤本月季和直立型月季巧妙地搭配在一起，展现月季的高度变化。攀缘在壁面上的是‘夏雪’，其枝条向上延伸，几乎快长到二楼。地面与棚架、壁面与花丛，层层叠叠，争奇斗艳，好不热闹。

▼与客厅相连的棚架下设置了网格花架，牵引‘皮埃尔欧格夫人’攀缘其上。这样的牵引方式，可以避免月季长得过密，不会给人压迫感。保留适度的空间，也会让庭院的通风变好。

▲在种植了山野草的地面上随意摆放了一盆‘浪漫宝贝’。

▲朝南的庭院处处可见主人利用棚架和拱门营造出的立体感。

▶主人似乎偏好剑瓣高心型月季。只有一茎一花的杂交茶香月季，难免显得有点寂寥清冷，因此，搭配藤本月季一起栽种。前面的红花月季‘红狮’和黄花藤本月季‘勒沃库森’保持了适度的间隔，自然巧妙地拾配让人在赏花时不会有视觉上的压迫感。

目 录

月季栽培基础知识 1→28

庭院设计和品种介绍

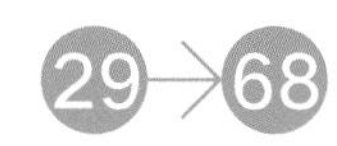

月季的种植和繁殖方法

69→110

月季的四季养护 111→170

铃木满男
日本京成月季园前首席园艺设计师。除培育月季外，也出席学术会议，担任技术指导、月季竞赛评委等工作。

Lesson 1

月季栽培基础知识

月季的知识❶

月季的种类

不同的分类系统

月季一般分为原生种（野生种）、古代月季、现代月季三大类，其下又各自延伸发展出丰富多彩的品种系统。这里主要介绍月季系统的由来、历史和特征。

月季是蔷薇科蔷薇属的灌木（大多数为落叶灌木，部分为常绿灌木）。据统计，全世界有100 ~ 150个原生种，还有很多变种和自然杂交种。

月季的人工杂交虽然是从19世纪后才开始的，但在那之前也有几个在栽培过程中杂交而诞生的品种。这类经人工杂交或选育的品种被称为园艺种。

在早期有很长一段时间，欧洲和中国，分别各自进行着月季品种改良。

现代月季里最早出现的品种‘拉·法兰西’，被归类于杂交茶香月季系统。

古代月季

法国蔷薇

Gallica Rose

是以原生于欧洲至中东一带的法国蔷薇原生种培育出来的系统。从罗马时代起就有人栽种，是非常古老的系统。株高约1米，株型以矮丛为主，花茎刺少。

‘黎塞留主教’

大马士革蔷薇

Damask Rose

以腺果蔷薇与法国蔷薇和麝香蔷薇（原生于喜马拉雅山脉至北非一带）的杂交种双季大马士革蔷薇为亲本杂交出来的系统。株高1.5米左右，很多品种都散发着香甜浓郁的香气。

‘珍特曼夫人’

波特兰蔷薇

Portland Rose

最早出现重复开花的古代月季。它是大马士革蔷薇和法国蔷薇杂交所产生的系统。花色是鲜艳的深红色或粉红色。花形为半重瓣型至四分簇生型。拥有大马士革蔷薇的香气。

‘紫花之王蔷薇’

白蔷薇

Alba Rose

据说是以大马士革蔷薇和原生于中欧的犬蔷薇的杂交种白蔷薇为基础改良育成的系统。株高约0.6米。多数耐寒性强，结实强健。花色为白色至淡粉红色。

‘半重瓣白蔷薇’

18世纪末，中国月季传入欧洲，杂交后，对月季的栽培产生了很大的影响。其中，1867年在法国培育出的‘拉·法兰西’，四季开花，剑瓣高心型，具有中国月季的香气和结实的花茎，这些都是当时的欧洲原生种所没有的特质，可谓划时代的园艺品种。现在以‘拉·法兰西’诞生的年代为界，将之前就存在的系统称为古代月季，之后培育出的系统则称为现代月季。然后再以月季亲本的原生种或园艺品种为基准，进一步分为以下几个系统。

‘拉·法兰西’和‘玛丽亨利特’的杂交种‘拉·法兰西89’。

中国月季

China Rose

原产中国，姿态优美，性强健，四季开花，代表品种有‘月月粉’‘月月红’‘淡黄香水月季’‘粉晕香水月季’。中国月季通过海上丝绸之路进入欧洲，并被作为亲本和欧洲蔷薇杂交，培育出观赏价值高、抗性强的杂交茶香月季，并拉开现代月季的序幕。

‘蓬蓬巴黎’

茶香月季

Tea Rose

将中国月季与波旁月季及诺伊塞特蔷薇杂交所培育出来的系统，属大花月季，四季都能开花，散发着红茶的香气。现代月季系统里的杂交茶香月季便是利用它杂交而来的。

‘克莱门蒂娜·卡蒂尼尔蕾’

波旁月季

Bourbon Rose

因在印度洋的波旁岛被发现而得名，是中国月季和大马士革蔷薇自然杂交后所衍生出来的系统。重复开花，香气浓郁。

‘路易欧迪’

杂交长青月季

Hybrid Perpetual Rose

由中国月季、波特兰蔷薇、波旁月季反复杂交所培育出来的系统。花色从深红色至红色、粉红色，甚至还有白色，花形也丰富多样，气味芳香宜人，是杂交茶香月季的杂交亲本。

‘布罗德男爵’

诺伊塞特蔷薇

Noisette Rose

1811年在美国用中国月季‘月月红’和麝香蔷薇杂交出来的品种繁衍而成的系统。属于藤本月季，传承了麝香蔷薇的独特香气。枝条柔细而少刺。

‘卡里埃夫人’

‘格里巴尔多·尼古拉’

现代月季

杂交茶香月季

Hybrid Tea Rose

由杂交长青月季和中国月季杂交而来，堪称现代月季的先驱。花朵硕大饱满，大多一茎一花，四季开花，花瓣为剑瓣高心型，香气浓郁，花色丰富多彩。耐寒性强，花茎结实挺拔，花朵朝上绽放。

‘约翰·保罗二世’

‘和平’

‘优雅女士’

丰花月季

Floribunda Rose

由小姐妹月季和杂交茶香月季杂交而来，四季都会开花。花朵中等大小，属中花月季，一茎多花。花量多，具有耐寒性，是拥有高人气的庭院月季。

‘黑蝶’

‘传说’

‘法国蕾丝’

灌木月季

Shrub Rose

1867年后，利用丰花月季、杂交茶香月季、原生种等杂交出来的灌木型系统，也被称为现代灌木月季。兼具四季开花和花色丰富的特点。结实强健，养护容易。适合庭院造景与景观应用。

‘皇家树莓’

‘夏晨’

‘午睡’

壮花月季

Grandiflora Rose

以杂交茶香月季和丰花月季的杂交种为基础所培育出来的系统。花朵大小为中花至大花，一茎多花，融合了两种系统的特性。

‘伊丽莎白女王’

英国月季

English Rose

古代月季和现代月季杂交出来的系统，是由英国的育种家大卫·奥斯汀（David Austin）培育而来，具有古代月季的花形和香味，又兼具现代月季的四季开花及丰富花色。大多品种属于灌木。

‘肯特公主’

‘苏菲的月季’

‘亚伯拉罕·达比’

微型月季

Miniature Rose

由中国小月季和小姐妹月季杂交培育出来的一茎多花小花月季系统。经过各式各样的杂交后，有很多品种变得跟小姐妹月季一样，难以分辨。

‘橙梅兰迪娜’

‘第一印象’

‘巧克力花’

何谓古董月季（Antique Rose）

古董月季具有四分簇生型或杯型花形、香气浓郁等古代月季的特征，又兼具四季开花、花色丰富、花瓣厚实等现代月季的特征。花朵大小为中至大花，株型包括藤本、矮丛、灌木等。

‘诺瓦利斯’

大花藤本月季

Large Flowered Climber

以中国月季、巨花蔷薇、野蔷薇等为亲本杂交培育出的系统，再融入丰花月季、杂交茶香月季杂交出来的中至大花藤本月季的特性。

‘功勋’

小姐妹月季

Polyantha Rose

一茎多花的小花月季系统，是由野蔷薇和中国月季为亲本杂交所培育出来的。这个系统和杂交茶香月季杂交后就诞生了丰花月季。

‘火星’

月季的知识❷

月季的株型

月季长大后是什么模样

月季的株型分为矮丛、灌木、藤本三大类。了解每种株型的特征，有利于更好地进行栽培管理和庭院造景。

月季的株型不像樱花和梅花般拥有粗壮的主干，而是从地面长出粗细相近的枝条，再从各自基部长出许多分枝。月季的株型可分为矮丛月季、灌木月季和藤本月季三种。矮丛月季无须支撑，且花芽长在枝条的前端；藤本月季则需要牵引且花芽长在侧枝；灌木月季的习性介于两者之间。生长习性会因株型的不同而产生差异。因此，栽培管理或应用方式也要跟着改变。

矮　丛

枝条能独立生长，呈现枝条向上伸展的小树状。其中有些枝条属于直立向上延伸的直立型，有些则属于向斜上方延伸的半横张型或横张型。基本上四季都会开花，会在新梢前端开出花朵。要修剪成小巧可爱的株型很容易，可把植株的高度剪至一半左右，很适合种在狭小的庭院或盆器里。茶香月季、杂交茶香月季、丰花月季、小姐妹月季、微型月季等都有这种株型。

①‘蒙娜丽莎’（矮丛，半横张型）
②‘阳光古董’（矮丛，直立型）
③‘里约桑巴舞’（矮丛，半横张型）
④‘阿尔布雷特·杜勒’（矮丛，半直立型）

灌 木

从低矮灌木到半藤本灌木皆有的月季，习性介于矮丛月季和藤本月季之间。跟英国月季一样，可将枝条剪短，长成如同矮丛月季的小树状；或让它延伸出长长的树枝，长成藤本月季般的模样；也可以享受不同修剪方式的乐趣。

一部分现代月季、古代月季、大多数英国月季都属于这种株型。

1 ‘夏洛特夫人’（灌木，英国月季）
2 ‘鸡尾酒’（藤本型灌木）
3 ‘瑞典女王’（灌木，英国月季）
4 ‘浪漫丽人’（直立型灌木）

藤 本

树枝延伸形成藤蔓状，有些枝条细软，有些枝条稍硬直，大多会通过牵引，让它们攀附在墙面、围栏、拱门、支柱等支撑物上。芽变藤本品种、原生种、古代月季、英国月季里都有藤本月季。

依据藤蔓的长度可分成枝条延伸长度在4～5米的藤本月季和枝条细软、有时可延伸至近10米的蔓性月季。

1 ‘莫梅森的纪念品’（藤本，古代月季）
2 ‘金绣娃’（藤本，丰花月季）
3 ‘藤本梅朗爸爸’（藤本，杂交茶香月季）

Lesson 1

月季的知识❸

月季的开花方式

展现美丽风采

月季花拥有各式各样的颜色，开花的方式和花瓣的形状也变化丰富。依据花瓣的多少和排列方式等，赋予不同的名称。请把各种花形的名称记起来吧。

花形的种类

花形是指花冠（花瓣聚集的部分）的开花方式。依据花心的卷曲方式、全开时花心的形态、花瓣数量等特征来命名不同的花形。即使是同样的开花方式，展现出的姿态仍然各有千秋。大多数情况下，从初开到持续绽放的过程中，花形是不断在变化的。

簇生型

内侧的花瓣比外侧的花瓣小，花完全盛开的时候，花心变平坦，花瓣呈放射状排列。

‘黑蝶’
{簇生型}

‘苏菲的月季’
{圆瓣/簇生型}

‘浪漫古董’
{半剑瓣/簇生型}

高心型

花心高耸突出，被周围的花瓣包裹其中。随着花朵持续绽放，花形经常会产生变化。

‘纯真天堂’
{半剑瓣/高心型}

‘米拉玛丽’
{半剑瓣/高心型}

环抱型

因花心的卷曲方式而得名，当花开到五分时，花心呈现并缓缓舒展开来。

‘我的花园’
{圆瓣/环抱型}

四分簇生型

跟簇生型很相似，当花开到五分时，花心会分成四等分。

‘波莱罗’
{四分簇生型}

球　型

很多小花瓣聚集丛生，呈球状。

‘白梅蒂兰’
{球型}

杯 型

花心凹陷，呈杯状。

‘浪漫宝贝’
{杯型}

‘亚伯拉罕·达比’
{深杯型}

单瓣型

花瓣5枚，很多原生种属于单瓣型。

‘鸡尾酒’
{单瓣型}

‘俏丽贝丝’
{单瓣型}

半重瓣型

花瓣6 ～ 19枚。

‘凯伦’
{半重瓣型}

平开型

花瓣从侧面看张开，几乎平展。

‘满大人’
{半剑瓣/平开型}

花瓣的种类

剑 瓣

花瓣的边缘往外侧翻折，形成尖角的模样。

‘婚礼钟声’{剑瓣/高心型}

半剑瓣

虽然花瓣的边缘同样往外侧翻折，但尖角不像剑瓣那样明显。

‘甜蜜花束’{半剑瓣/杯型}

圆 瓣

花瓣的边缘呈圆形。

‘新娘万岁’{圆瓣/环抱型}

波浪瓣

花瓣的边缘呈波浪状。

‘粉红法国蕾丝’{波浪瓣}

Lesson 1

月季的知识④

请记住月季各部位名称

请对照图片把月季每个部位的名称记起来吧！此外，栽培相关的专业术语，请参见190页。

各部位名称

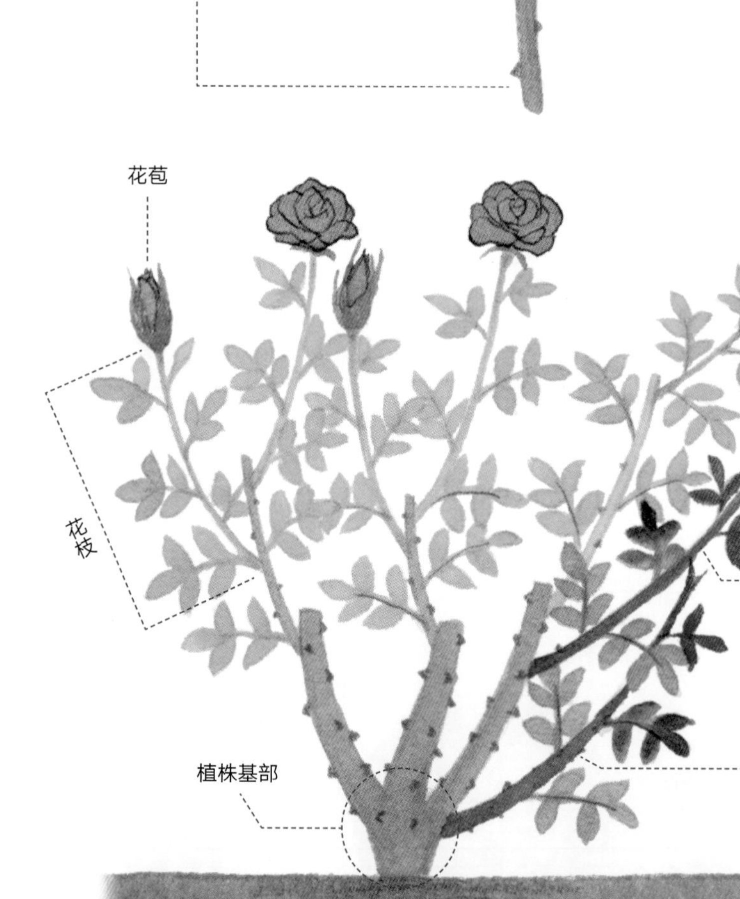

月季的知识5

月季的香气

彰显高贵气质

月季风情万种，花香也是其魅力之一。聊天时以月季香气为话题，有时可以活跃气氛。了解产生香气的部位，感受花香的美妙吧！

月季的香气成分，大部分存在于花瓣表面的腺体里，早晨随着气温升高，芳香成分会挥发产生香气。因此，一般花瓣多的月季会比花瓣少的月季香气浓烈。

香气由许多复杂的成分混合而成，挥发的温度会因成分而异，因此，从早到晚，香气的浓淡会发生变化。

香气是主观感觉的，无法用特定的标准明确表述，但还是可将其大致分为下表里的7种。虽然以代表品种举例说明，但是会因掺杂其他香气或随时间变化等因素，导致香气产生变化。此外，栽培条件也会造成香气的改变。

名　称	特　征	代表品种
大马士革香（又称古代月季香）	大马士革蔷薇的花香	‘米兰爸爸’‘薰乃’‘海蒂克鲁姆’‘红色龙沙宝石’‘芳香蜜杏’
果　香	会让人联想到桃、杏等水果的酸甜香味	‘娜赫玛’‘红双喜’‘波莱罗’‘我的花园’‘朦胧的朱迪’
茶　香	如红茶般清新，据说是承袭了原产中国的巨花蔷薇的香味	‘桃香’‘西洋镜’‘月季花园’‘园丁夫人’‘黄金庆典’‘格拉汉托马斯’
柑橘香	会让人感受到如同柠檬、佛手柑、橘子等清新提神的果香	‘希霍登夫人’‘游园会’‘活力’
没药香	类似大茴香或薰衣草的香气，微苦中带有青草的味道	‘克劳德·莫奈’‘圣塞西莉亚’‘皮尔卡丹’‘博斯科贝尔’‘安蓓姬’‘权杖之岛’
辛　香	类似丁香或康乃馨的香气	‘俏丽贝丝’‘粉妆楼’
蓝　香	跟‘蓝月’的香气很接近，仿佛混合了大马士革香和茶香两种香味	‘蓝月’‘蓝色香水’‘梦幻之夜’

‘桃香’的香气带有茶香月季的甜蜜清新。

‘娜赫玛’的香气是以柠檬、桃、杏等果香味为主。

‘薰乃’是以大马士革香为基调，香气中带有柔和的果香。

Lesson 1

月季苗的准备❶

挑选月季苗的诀窍

如何辨别优势苗木

月季栽培的第一件事就是要获得月季苗。应该选什么苗？在哪里买？建议您先了解栽培环境后再去寻找合适的苗。一开始可以参考专家的建议。

购买方法

购买月季苗的途径主要是实体店和网店。实体店包括月季苗的专卖店、园艺店、家居用品购物中心、花店等。建议选购带有品种标签且状态良好的苗（➡P14）。在网店购买时，因无法确认苗的状态，最好提前与客服沟通，选择值得信赖的店家。但对新手而言，最好是听取专家的建议，到实体店购买比较好。

网购时，不能只依据花的照片做决定，要了解其将来会长成什么样子，确认株高、株型、耐寒性、抗病性等。

在街头的花店有时会遇到没有品种标签的月季，店主对所售月季的栽培方式不甚了解。此外，有时相较于月季专卖店，摆在花店里的月季苗状况比较差，这些都是在选购时要注意的。

新苗和大苗的特征

市面销售的月季苗，分为新苗和大苗。

新苗是指8 ～ 10月以及1 ～ 2月（➡P104）进行嫁接的苗，在嫁接后的第一个春天从大田或苗床挖出，移至盆里的苗。大苗是指新苗不挖出，直接让其在大田生长约1年的苗。因此，相较于新苗，大苗的植株会更强壮，对新手来说更容易照顾。

新苗在3月下旬至7月上市时，会有1 ～ 2根伸长的枝条，枝条上会长叶子或花苞。若是在日本关东以西，新苗最适合的移栽时期是当地吉野樱花初开后的1周内，最迟不要超过5月下旬。

大苗在9月下旬至翌年3月上市时已长出数根枝条，但在上市初期枝条上没有叶子。买入大苗后最好立即栽种，但对新手而言，建议在尚未变冷的秋季进行秋植，让苗能够顺利发根生长。也可以在开始回暖的2月下旬至3月栽种。

	性　质	形　态	上市时期	栽培最适时期
新　苗	8 ～ 9月进行芽接或1 ～ 2月进行切接，在春天进行移植的嫁接苗	已有1 ～ 2根伸长的枝条，并长出新芽、花苞	3月下旬至7月	4月中旬至5月下旬（日本关东以西地区）
大　苗	利用芽接法或切接法繁殖，并在苗圃生长约1年的嫁接苗	已长出数根枝条，没有长叶子或花苞	9月下旬至翌年3月	9月下旬至翌年3月（日本关东以西地区）

新　苗

以盆栽形式上市。

▶砧木和接穗的嫁接处用胶带保护。要选择嫁接处稳固不摇晃的月季苗。

大　苗

有的大苗暂时种在长方形高盆里，也有的是根部裸露或用水苔等材料包裹的裸根苗。

▲裸根苗。

新苗选购时的注意事项

例 ‘冰山’

大苗选购时的注意事项

例 ‘弗洛伦蒂娜’

在购买新苗的时候，要仔细观察新苗的状态。新苗和大苗都有各自的选购注意事项，但都应选择看起来有活力的苗，尤其要注意是否带有品种标签。栽培管理的诀窍因品种而不同，所以必须清楚了解苗的品种或系统。

Point

选择时要跟同品种比较

若你是选苗新手，可以多看几个同品种的苗，然后选择其中最有活力的那株。4月上旬株高就已经有30厘米以上的新苗，有可能是利用温室保温管理的苗。这类苗不适应寒冷，要注意避免其遭受寒风的侵害。

开花苗选购时的注意事项

例 ‘阳光古董’

开花苗指由园艺店或月季园等管理至开花，以开花的状态上市的盆栽苗。在4月中旬至5月开始在店内上架，想要轻松栽培月季的人建议选这种苗。购入的时候，不能只确认花的状态，还要确认植株整体的状况，跟新苗或大苗一样，枝条粗壮结实，生长势强，才称得上是发育良好的植株。

藤本苗选购时的注意事项

例 ‘夏雪’

藤本苗就是设立支柱让枝条向上延伸的苗。蔓性枝条延伸得很长，因此在购入后，要立即牵引至围栏或支柱等支撑物上。虽然全年都可在市面上流通，但最佳的种植时间是9月下旬至翌年3月，苗种下去后可以观察其是否成活，同时进行适度浇水或其他管理工作。

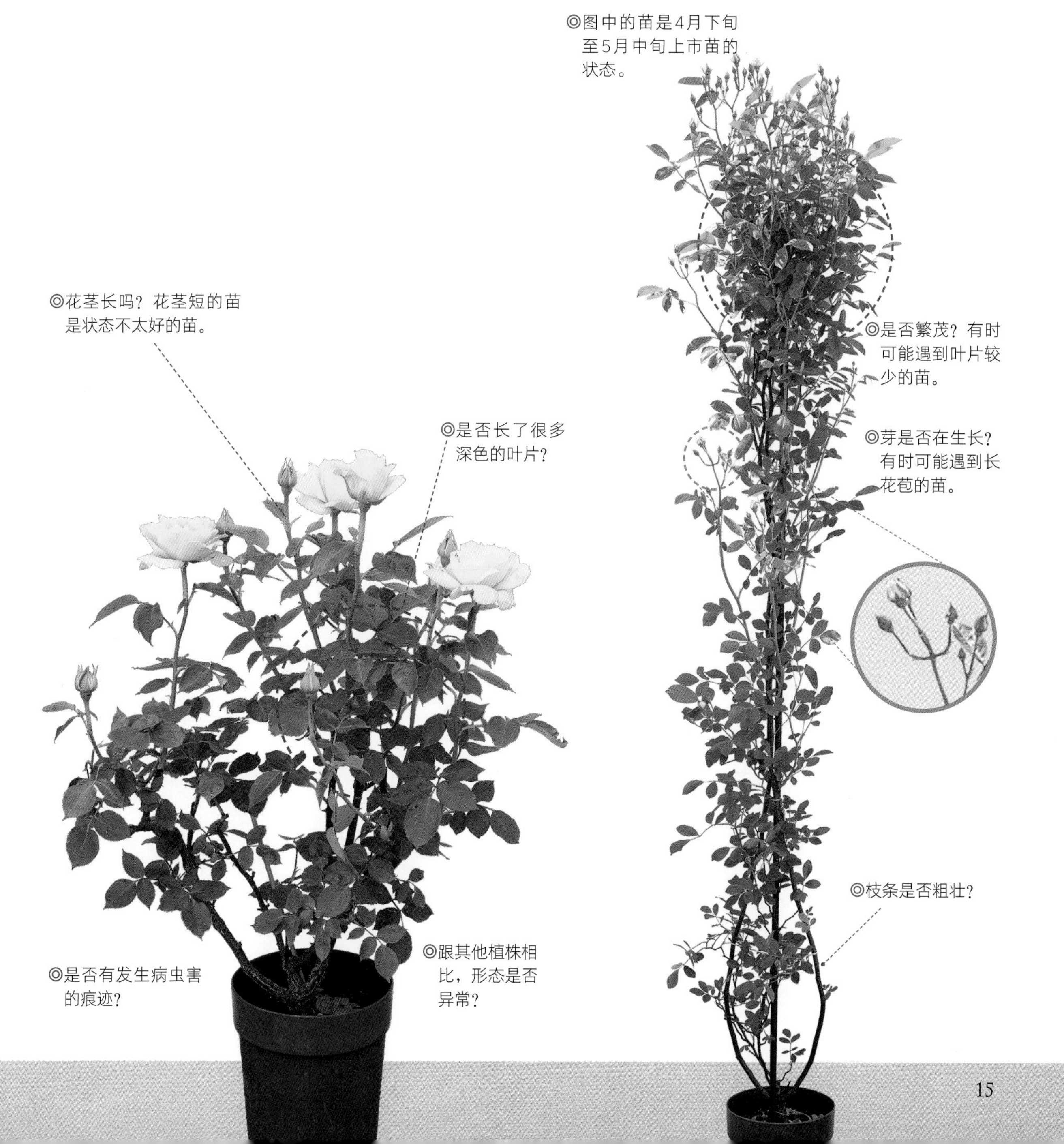

月季的准备②

品种选择要点

品种繁多难选择

购苗看起来很简单，但实际购买时，可能还是会充满困惑。这里将教你品种选择应注意的事项。

据统计，月季的园艺品种有2万～3万种，而在市场上流通的品种有2 000～3 000种。每年都有新品种诞生，也有老品种被淘汰，所以无法确认准确的品种数。你在选品种时是否不自觉地依据个人喜欢的颜色和花形做选择？虽然这也是一种选择的方式，但仅从这样的角度出发，无法将月季栽培得很好。计划在什么样的场所栽培月季，庭院还是阳台？栽培管理工作计划投入多少心力？先了解清楚，并确认栽种环境后，再考量品种特性，只有选择适合该环境的优良品种，才能减少失败的概率。

思考一下栽培空间　要点①

首先要先思考选择什么样的栽培空间及在该空间如何设计规划。

- □盆栽还是庭院栽培？
- □若是庭院栽培，要沿着围栏种植，还是攀缘在拱门上？
- □要种在宽敞的庭院、狭窄的庭院，还是阳台？
- □要营造出颜色统一还是色彩缤纷的视觉效果？

若是盆栽，就不要选择会长成大型植株的品种。若是在大庭院里栽培，想以月季为主体，选择大型品种也没关系。若打算种在混栽花坛里，直立型品种在管理上会比较容易，若空间足够的话，就能尽情享受栽培横张型或半藤本品种的乐趣。

四季开花型藤本品种，相较于一季开花品种，枝条的伸长生长较慢，方便在狭小的空间里牵引成紧凑小巧的株型。枝条柔软、延展性好的一季开花品种，建议进行大面积牵引。另外，花色也会影响到品种的选择。

‘黑巴克’

四季开花的大花品种，刺少。株高1.3～1.5米。

‘撒哈拉98’

四季开花的大花藤本品种。具抗病性。平均伸长量为2.5米左右。

‘肯特公主’

大花英国月季。具抗病性，适合盆栽。强香品种。

以品种特性作为选择的依据 要点②

确认栽培环境，再考虑品种特性。

- □是寒冷风强的地区，还是酷热无风的场所？
- □充分日照的场所，还是遮阴的地方？
- □面向马路的场所，还是庭院的中央？
- □除月季之外，是否种植其他植物？
- □栽培上是否需要费心照料？

根据环境，选择耐寒性、耐热性良好的品种。若是种在面向人行道的围栏旁，建议选择刺少的品种或能让行人享受美妙香气的强香品种。平时工作繁忙，没时间照料月季的人应选择抗病性强的品种。了解品种的特性，选择能适应环境的品种，就能大幅降低栽培失败的概率。

参考获奖历史等因素 要点③

经过竞赛选拔出来的月季，不仅品种特性优秀，人气也比较高。

- □ADR（德国国际月季竞赛）：强调抗病性、耐寒性。
- □GENEVE（日内瓦国际新品种月季大赛）：强调有机栽培、抗病性。
- □WFRS（世界月季联合会）：每三年举办一次，入选的品种能进入月季殿堂。
- □JRC（日本国际月季新品种竞赛）：综合考虑花形、抗病性、香气、创新性等因素。
- □ECHIGO（国际芳香新品种月季大赛）：香气获得高评价。

（竞赛相关知识➡P68）

月季竞赛就是奖赏优秀出色的品种，但是不同的竞赛所重视强调的评选项目也会有所差异。因此，若能知道其取得何种竞赛的奖赏，就能了解该品种在哪些方面获得高评价。了解奖项的性质，也较容易确定该品种是否能适合您的栽培环境。获奖的品种人气高，想栽培的人也比较多，相关信息就更容易获得。

去月季园实地参观各式各样的品种

如果你不知道应选择哪个品种，建议你去月季园实地考察一下（➡P186、P187）。月季园里通常都会栽种很多品种，可以看见不同品种长大后的样貌。在花期造访，可观察枝条的生长方式、花形等。月季园的管理方式也各有差异，所以建议多去几个月季园，比较一下相同品种的管理方式，也可以向园方请教特定品种的栽培方法。

Lesson 1

栽培工具

栽培基本工具

建议提前准备

月季有刺，所以手套是不可或缺的工具。在进行修剪或牵引时，修枝剪和捆扎材料是必需品。这里将介绍栽培月季时必要的基本工具，请提前准备好一整套工具吧！

修枝剪

修剪时使用。市面上有各种各样的修枝剪，要拿实物确认重量和尺寸，选择适合自己的修枝剪。

采收用的修枝剪可以在剪下花茎或枝芽时，将其钳住避免掉落，用起来非常方便。

锯子

在切除粗枝时使用。准备单边锯齿的小型锯子就可以了。刀片薄的锯子容易弯曲，所以建议选择刀片比较厚的锯子。

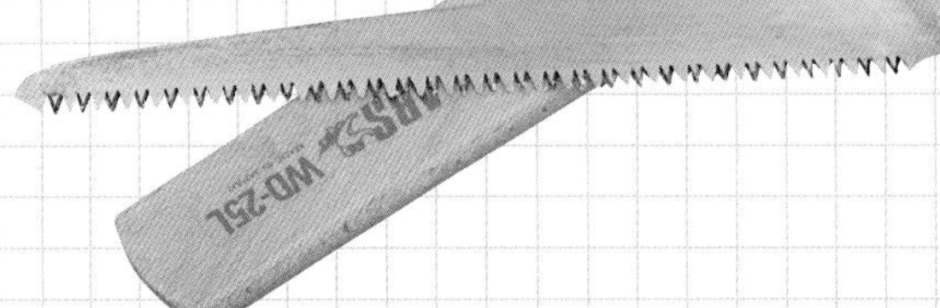

修枝剪的保养方法

平常在用完修枝剪后，要将上面的树液或黏液擦拭干净。刀刃变钝时要用砥石研磨。砥石请选用粗细度介于荒砥石及仕上砥石之间的中砥石，将之切成3～4厘米的正方形，用水蘸湿后再用。

消毒的方法

消毒可以用热水浸泡刀刃数分钟。如果剪过感染病害的枝条，可将修枝剪浸泡在苯扎氯铵杀菌消毒剂（使用浓度参照药剂说明书）数分钟。

磨修枝剪的方法

①②

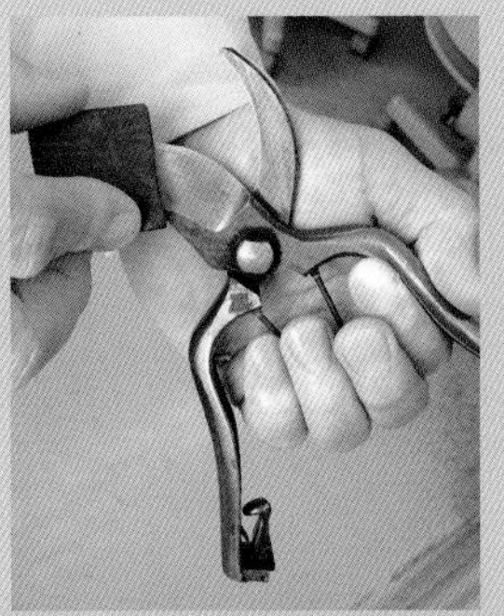

1 将图例①的部分用水蘸湿，用砥石研磨。

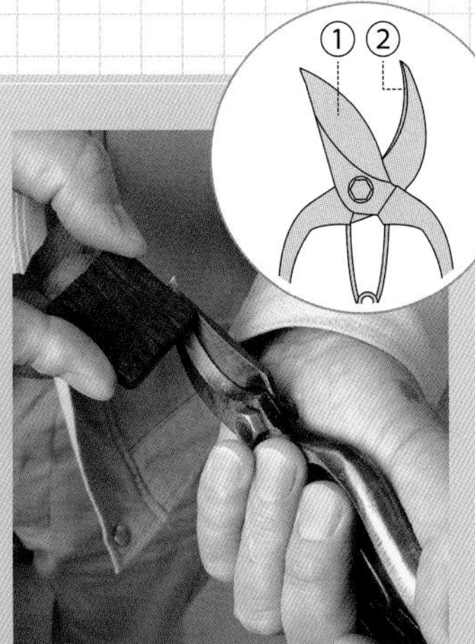

2 把修枝剪合起来，沿着曲线研磨②的内侧。

3 把修枝剪张开，轻轻地研磨①的内侧。

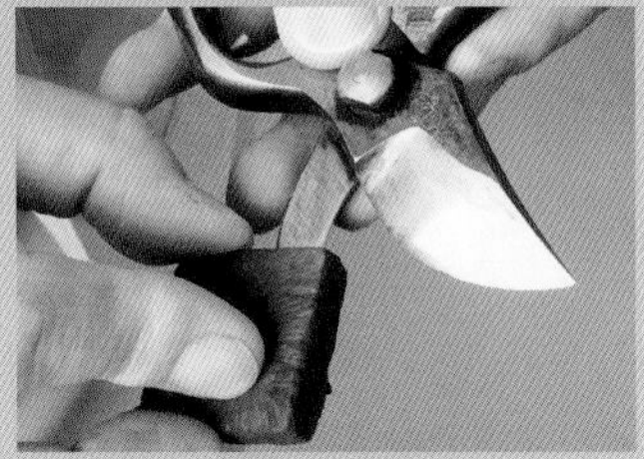

4 轻轻研磨②的平坦部分。

注：砥石即日本的磨刀石，按粗细程度分为荒砥（400目及以下），中砥（800～2 000目）、仕上砥（2 000目以上）。

手套

手套可保护手不被刺伤，建议选用皮革手套。在进行牵引时建议选用手背部分是布料材质的手套，系绳子时会比较方便。

袖套

在进行修剪或牵引时，若有袖套会很方便，能避免衣服的袖子被刺勾住或刺伤。用厚一点的棉布自己做也可以哦！

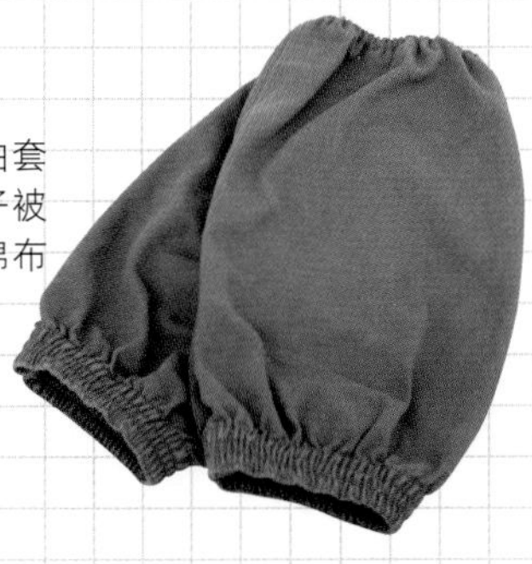

浇水壶

尽量选用出水孔细小的浇水壶。出水孔细小，流出的水量较小，不易造成土壤被冲散或流失。

捆扎材料

要将枝条牵引到支柱或围栏等处会用到。虽然有各式各样的材质，但建议用麻绳或棕榈绳等天然材质的绳子。

铲子

换盆时会用到铲子。用手实际拿握感受一下，选择顺手好用的铲子。

计量工具

在使用药剂时，按说明书配制药剂是很重要的事。在配置药剂时请用量杯、量匙、玻璃滴管等有计量刻度的测量器具。

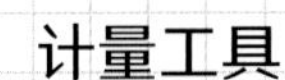

喷雾器

在喷洒药剂时会用到。药剂需要喷洒在整个植株上，若遇到好几株大型月季，电动喷雾器会比较方便。此外，也可以选择轻便的手动式或轻巧型喷雾器。

防护面罩及护目镜

喷洒药剂时，要带上防护面罩和护目镜。

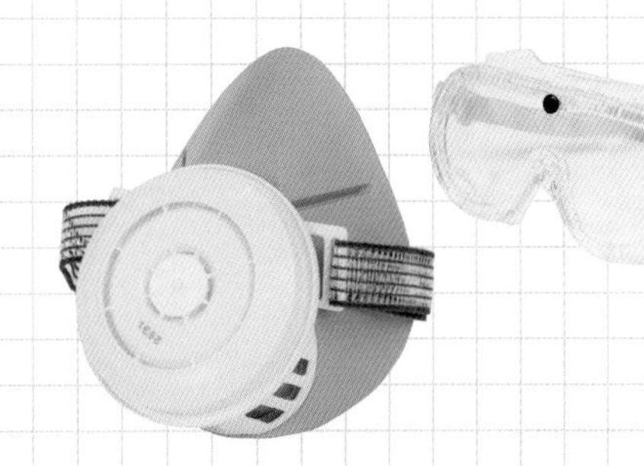

让你做园艺工作时也能美丽有型的

园艺用品

这里要介绍可点缀庭院或盆栽的装饰品，以及颜值高的园艺用品。若眼前都是赏心悦目的用品，园艺工作也会变得更有乐趣吧！

手套

在进行修剪等作业时建议选用皮革手套，若选用长手套能避免刺勾住袖子。

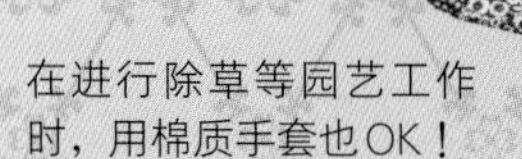

在进行除草等园艺工作时，用棉质手套也OK！

园艺工具

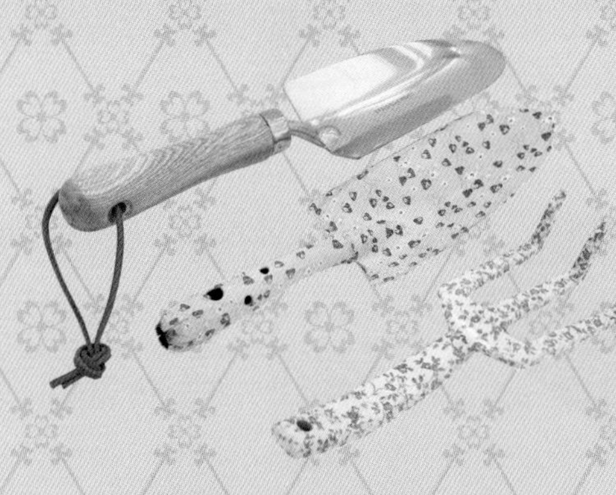

若能用漂亮的铲子和三爪扒，在移植、换盆等园艺工作时心情也会变好。

园艺装饰品

月季形状的铁栅栏，营造出罗曼蒂克的气氛。就算是好几个排在一起，也不会让人觉得夸张、突兀或过于华丽，可随心所欲地使用。

铁制的小物件跟月季园十分契合。像这个迎宾立牌，有一只小黑猫在欢迎宾客，可以让气氛变得温馨可爱。

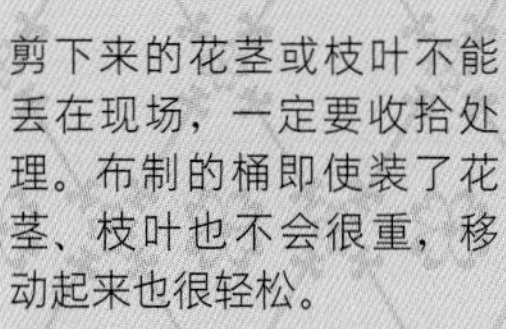

剪下来的花茎或枝叶不能丢在现场，一定要收拾处理。布制的桶即使装了花茎、枝叶也不会很重，移动起来也很轻松。

把这个禁止宠物排便的狗狗造型告示牌插在花坛，面向马路，有提醒过往行人的效果。

将自来水管造型的庭院指示牌插在庭院的一角或盆栽里增添可爱俏皮的气息。

盆栽花架

若是高一点的花架能让空间利用更有立体感，请选择能承受盆栽重量的花架。

盆器若能稍微离地，排水会比较顺畅，可以配合盆的大小在盆下放3～4个素烧盆的盆脚。

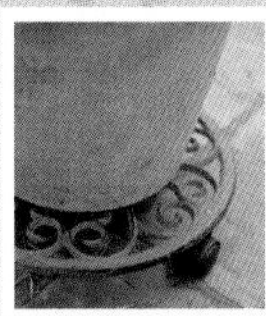

大盆器可用附有轮子的移动花架，这样要移动盆栽时会比较轻松。若经过了防锈加工处理，放置在室外也不用担心。

品种标示牌

用来标记月季的品种名称。插在土里的牌子请用记号笔等不容易因雨淋而消失的书写工具来写。

围　裙

皮质围裙越用越柔软。选择明亮活泼的颜色，心情也会跟着亮起来。

工作靴

若选择脚踝部分比较细的短款工作靴，看起来会比较清爽利落。请选择鞋底长时间穿也不容易让脚感到疲惫的鞋子。

若选择小腿部分比较宽松的长款工作靴，穿脱会比较容易。柔软橡胶材质的鞋子，穿起来不会妨碍足部弯曲。

尼龙材质的防水围裙，让你在做园艺工作时也不容易弄脏自己。若有很多口袋，可在修剪花茎、枝叶时放置工具，非常便利。

基质和肥料①

月季的栽培基质

改善栽培环境

要根据苗的状况、管理方法等去调整栽培基质的成分和比例。若能掌握各种基质的特性，调配出独创的混合基质，就能称得上栽培高手了。

主要基质

供植物栽培使用的土壤被称为基质，包含两种以上基质并加入肥料混合的土壤被称为培养土。

用于盆栽的基质应以赤玉土为基础，加入泥炭土、稻壳灰等植物基质以及珍珠岩之类的人工基质，并混入堆肥后使用。通常要配合换盆的时间或苗的状态去调配基质。若用于庭院栽培的基质，应以园土为基础，混入堆肥等肥料再使用。

赤玉土

将赤土干燥后过筛所剩的颗粒土，其排水性和透气性都比赤土好。小盆建议选用小粒赤玉土，大盆则要选用大粒赤玉土。

珍珠岩

火山岩的一种，经过1000℃烧制而成的多孔状基质。虽然不含养分，但是具有提高土壤排水性和透气性的效果。

泥炭土

植物残体在多水少气的条件下，经过长期堆积，分解形成的松软堆积物。透气性、保水性、保肥性都很好。性质和腐叶土相近，略偏酸性。要稍微弄湿后再使用。

稻壳灰

是稻壳经过焖烧后所形成的碳状物质，透气性良好，能提高存在于堆肥或土壤里的微生物活性，同时具有中和酸性的效果。也可当作保温材料使用。

铃木栽培秘笈

庭院栽培月季时，要了解庭院的历史及现状

在进行庭院栽培时，不是用园土加入堆肥等混合后把苗种下去就好了，还必须了解这个庭院是新翻好的地还是之前种过月季或其他植物。

长时间栽培植物的土地，其土壤的团粒结构可能被破坏，导致排水性变差。新翻好的土地或使用太多化肥的土地，可能会发生土壤养分不足或盐分积蓄过高的情况。

遇到那样的情况，就必须进行土壤改良，例如将土壤的表土和底土（心土）相互交换（➡P94）；将种植穴的土壤更新，或在种植穴里混入堆肥、腐叶土、泥炭土等基质，进行土壤改良，促进团粒结构的形成。

基质的配比

用鹿沼土代替赤玉土，或用当地生产的基质也没关系。但必须根据季节或苗的状态来调整基质配比，例如夏季时要减少有机物的含量。你可以参考下面的配比。

盆栽种植

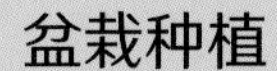

新苗、大苗盆栽用土的基本配比

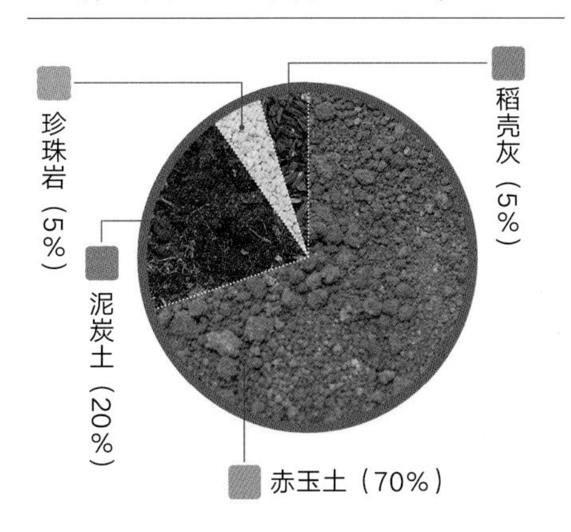

新苗、大苗夏季栽培用土的配比

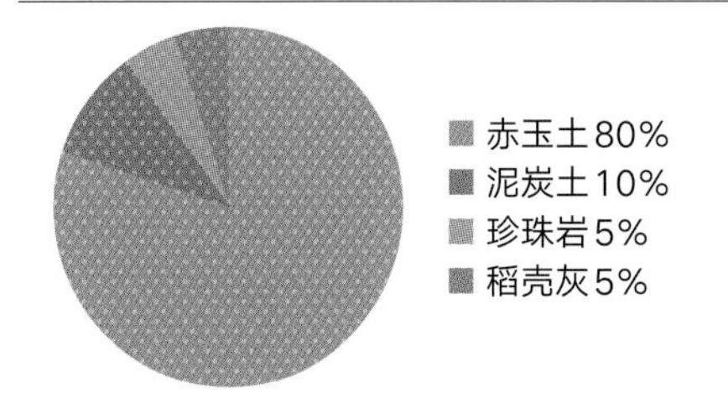

- 赤玉土80%
- 泥炭土10%
- 珍珠岩5%
- 稻壳灰5%

大苗状态良好的情况

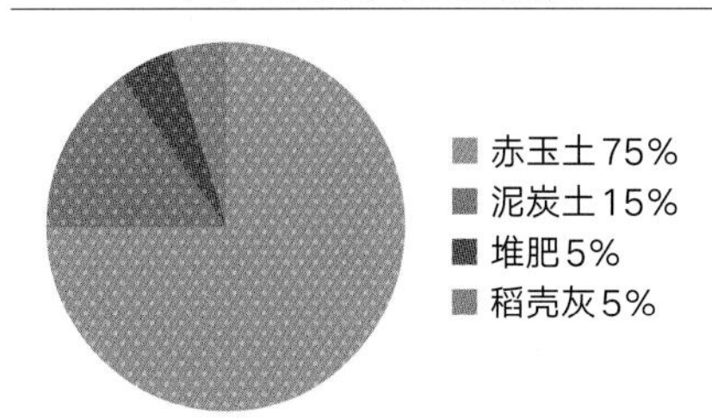

- 赤玉土75%
- 泥炭土15%
- 堆肥5%
- 稻壳灰5%

根劣化的情况

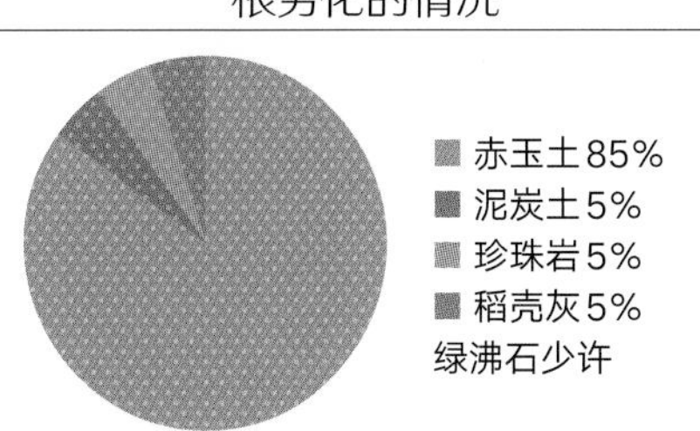

- 赤玉土85%
- 泥炭土5%
- 珍珠岩5%
- 稻壳灰5%

绿沸石少许

幼苗移植

扦插苗的用土配比

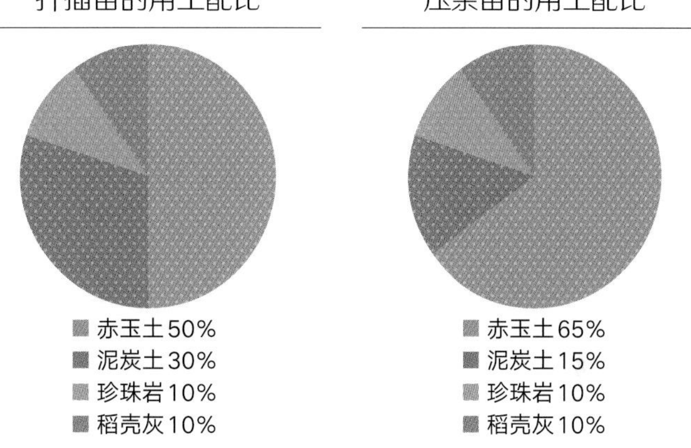

- 赤玉土50%
- 泥炭土30%
- 珍珠岩10%
- 稻壳灰10%

压条苗的用土配比

- 赤玉土65%
- 泥炭土15%
- 珍珠岩10%
- 稻壳灰10%

嫁接苗的用土配比

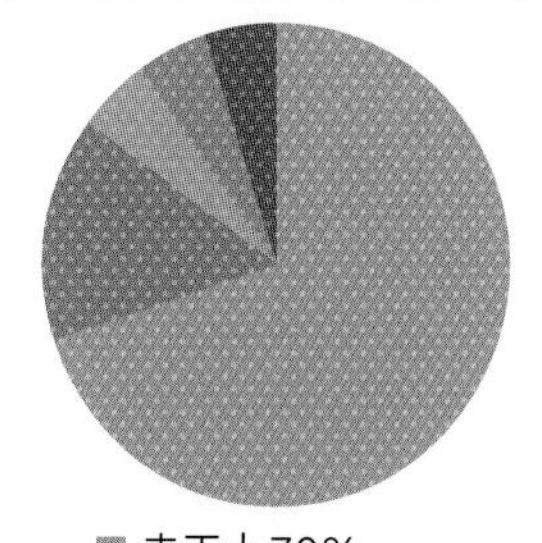

- 赤玉土70%
- 泥炭土15%
- 珍珠岩15%
- 稻壳灰5%
- 完熟马粪堆肥5%

- 赤玉土80%
- 泥炭土15%
- 完熟马粪堆肥5%

成株换盆

嫁接植株的用土配比

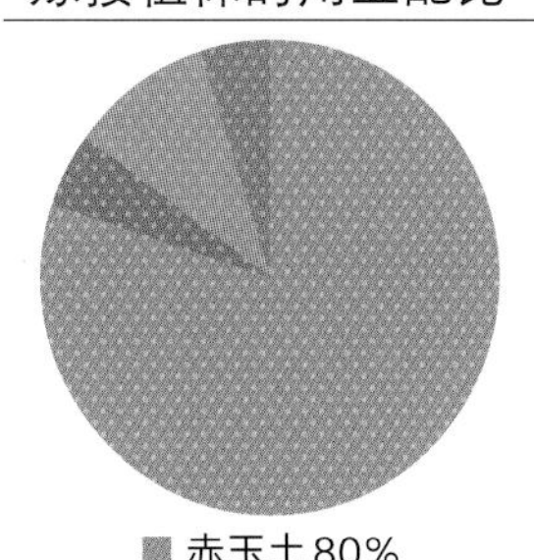

- 赤玉土80%
- 泥炭土5%
- 珍珠岩10%
- 稻壳灰5%

扦插植株的用土配比

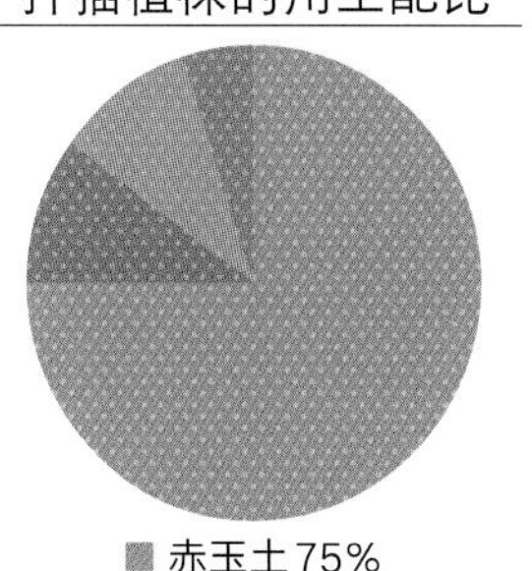

- 赤玉土75%
- 泥炭土10%
- 珍珠岩10%
- 稻壳灰5%

基质与肥料②

月季的施肥攻略

成长不可或缺

为了促进月季生长，开出美丽的花朵，适时适量地施肥是很重要的。然而必须禁止过量施肥。请试着了解肥料的性质和肥效，然后运用在栽培管理上吧！

有人说月季需要肥料的滋养，但真的是这样吗？第一批花开放后要施肥；夏季修剪前，施肥可以促进新芽的生长；日本冬天还要施冬肥。可能是因为这种栽培方法普遍流传，才会出现这种说法吧！

但野生的月季，即使没有施肥，每年依旧开花，可以看出，月季需肥量并不多。

过量施肥，部分无法储存于土壤里的肥料就会溶在水里，导致月季吸收过量肥料，从而影响其生长。特别是化肥施用过量，容易造成土壤盐分的浓度过高，反而会夺走根部的水分。

花后肥料、促进新芽生长的肥料都不是必需的。将基本的施肥方法记起来吧！

施化肥过多，导致‘黎塞留主教’花瓣边缘干燥皱缩。

施化肥过多，导致叶片边缘干燥皱缩。

促进植物生长的肥料中含有植物需求量极大的大量元素，需求量次之却不能缺乏的中量元素，还有需求量极少但若不足会影响生长的微量元素。大量元素是指氮、磷、钾，又被称为肥料三要素。中量元素包括钙、镁、硫。微量元素有锰、硼、铁、锌、钼、铜、氯等。

虽然需求量不同，但每一种都是植物生长不可或缺的元素。想要花开得漂亮，植株长得健康，适度施予含有上述这些元素的肥料是很重要的。

基本的施肥方法

庭院栽培（地植）

在初次种植时施一次基肥（➡P94）。在日本，之后每年只需施肥一次冬肥就可以了。

'撒哈拉98'

盆栽（盆植）

换盆后，等芽长出1厘米开始追肥（➡P80）。生长期（3～10月）每月施肥1次；高温期（8月）可暂停施肥。

'阵雪'

肥料三要素

氮

它是植物的茎、叶、根生长所需要的成分，同时也是合成氨基酸、蛋白质、叶绿素等的原料，因此氮是植物生长所不能缺少的。

磷

也有人称它为“花肥”“果肥”，能促进生长点的细胞分裂，同时也是开花、结果、根部生长所需要的重要元素。

钾

能促进酶的活化，促进光能的利用，增强光合作用，改善能量代谢，对促进根、茎的结实强健也有效果。

Point

施用有机肥

有机肥的效果是缓慢渐进的，它会在土壤中慢慢分解，然后被根部吸收。所以在中、强剪后施有机肥，就能在月季的生长期持续稳定地发挥作用，将有利于春秋季的开花。

肥料的种类

月季栽培建议施用有机肥。完全腐熟的堆肥或油粕所制成的有机肥，含有植物生长所必需的微量元素，此外，施用有机肥还能增加土壤中的益生菌。其效果体现比较缓慢，能长时间慢慢释放养分，供月季吸收，促进其健康生长。另一方面，化肥里含有盐类，长年持续施用会造成叶片边缘皱缩枯萎、芽长不出来等生长障碍。但是，若遇到土壤里几乎没有养分的情况时（如新翻好的土地），光靠有机肥是无法补足养分的，此时就需要化肥来帮忙。此外，采用盆栽时，土壤容易转成碱性，此时为了调整至最适合月季生长的弱酸性，可将缓释肥当作追肥放入土里。

了解各种肥料的特性，并正确地施用。不管是有机肥还是化肥，都请记得不要过度施肥！

名　称	特　征
有机肥	利用落叶、菜渣、草、稻壳、米糠、土、粪尿等植物性或动物性原料经过发酵所制成的肥料。通过土壤里微生物的活动，将肥料里的氮、磷、钾等成分加以分解和利用。属于缓效性肥料
无机肥	由氮、磷、钾等无机物所组成的肥料。有化学合成的，也有从天然矿物中提炼制成的。属速效性肥料
化　肥	化肥是指通过化学合成或将天然原料经过化学加工所制成的肥料

有机肥

将几种中药材里的药用成分去除之后的残渣，经过发酵后制成的堆肥。

缓释肥

粒状化肥，养分释放速度缓慢或者养分释放速度可以得到一定程度的控制以供作物持续吸收，可用作盆栽的追肥。

铃木
栽培秘笈

特别推荐的有机肥是完全腐熟的马粪堆肥

在种植月季时建议施用以马粪发酵而成的完全腐熟的马粪堆肥。马粪堆肥的碳氮比是20 ： 1，这是作为堆肥施用的理想数值。

牛粪比马粪含水量大，所以在做堆肥时，须加入稻草或木屑以吸收水分，或添加能促进发酵的微生物。此外，牛饲料里有时会添加盐，导致牛粪的盐浓度增加。

综上所述，建议月季栽培施用完全腐熟的马粪堆肥。

适用于月季的有机肥

牛粪·马粪堆肥

含有植物生长的必需元素（钙、镁等），可用来作为土壤改良的材料，但要注意必须是完全腐熟后才能使用。

◀完全腐熟的马粪堆肥

腐叶土

将落叶重叠堆积放置一年以上，让其腐熟后所制成的肥料。腐叶土自然分布广，被广泛应用于土壤改良。

◀腐叶土

油　粕

其原料是油菜籽或黄豆榨完油脂后所剩下的残渣，主要的成分是氮，并含有少量的磷和钾。油粕经过发酵后，就是所谓的发酵油粕。

◀油粕

骨　粉

将家畜的骨头弄碎，以1 000℃的高温烧制而成的肥料。可以用来填补有机肥里经常不足的磷。

◀经过烧制而成的骨粉

发酵肥

用油粕、骨粉、畜粪、米糠等发酵而成的堆肥。通过发酵让肥效变得比较温和，所以称之为发酵肥。也可以自己动手制作哟！

▲放置发酵100天以上的发酵肥。

Point

钙镁磷肥要跟其他肥料分开施用

钙镁磷肥是将天然磷矿石弄成细小碎块后，经过加热处理制成的肥料。可以用来补充其他有机肥经常不足的磷。鸟粪磷矿是鸟类粪便堆积而成的天然磷矿石，含有丰富的钙、镁等元素。

钙镁磷肥若没有施加在根部附近无法发挥效用，所以在当作基肥施用时，要跟其他肥料或堆肥分开，放在比较靠近根部的位置。

钙镁磷肥▶

更多有关月季的知识！

繁殖培育月季的砧木

在店里看到的苗，有时会遇到植株基部用胶带缠起来的情况。仔细观察，你会发现这是在生产时，利用嫁接法培育出来的嫁接苗，缠胶带的目的就是为了固定嫁接部位。

嫁接是植物的人工繁殖方法之一，即把要繁殖的植物的枝或芽接到另一种植物体上，使其成为一个独立生长的植株。接穗从砧木中吸取水分和养分，来供其生长发育。因此嫁接处必须用嫁接专用的胶带一圈一圈缠绕，将其牢牢固定。随着生长，砧木和接穗会结合为一体，届时就能将胶带拿掉了。

在市面上，月季嫁接苗很常见。虽然也有用扦插法繁殖出来的扦插苗，或用播种繁殖的原生种（如野蔷薇），但一般园艺品种还是以嫁接苗为主。

野蔷薇的花

砧木是接穗生长的支撑，那么应选择何种月季作为砧木呢？

日本多雨，土壤大多偏酸性，欧洲或北美则以碱性土壤居多。砧木须依据当地的土壤状况选择。在日本，大多选用野蔷薇作为砧木。野蔷薇在酸性土壤里也容易生长，同时也能适应高温多湿气候。

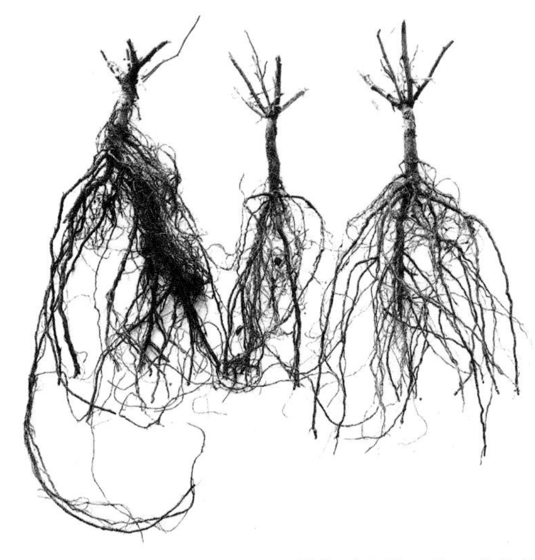

作为砧木使用的野蔷薇的苗

在欧洲，嫁接苗常用‘疏花蔷薇’作为砧木。因其原产干旱地区，极耐旱，且具耐寒性。

在美国，‘修博士’常被拿来做砧木。‘修博士’是1920年在美国培育出来的品种，花朵红中带黑。虽然体质强健，但不耐黑斑病。

在日本，除了以野蔷薇作为砧木的嫁接苗外，也销售在欧洲或美国当地进行嫁接的进口苗。买苗时，最好要将砧木的习性纳入考量。

美国苗

Lesson 2

庭院设计和品种介绍

月季的园林应用 1

月季的造型应用

善用株型享受造景乐趣

被花覆盖的华丽墙面或围栏、优雅的拱门等，月季会因为不同的造型应用方式而表现出各异其趣的风情。配合月季的栽培空间，享受各种株型的栽培乐趣吧！

月季的株型或枝条的粗硬度各有不同，开花方式、花朵大小和花形也多种多样。因此，可以说是能让你充分发挥庭院或住所装饰创意的植物。对新手而言，可以让树状月季维持原有样貌，或采用围栏等平面造型方式。等你对月季的修剪或牵引比较熟练后，再利用拱门、棚架、花柱等方式，设计出具有立体感的景观造型。通常若要将月季牵引至支撑物上，多选用藤本月季，但是，若想利用较大型的矮丛或灌木月季来发挥你的创意想象，也是可以的。

选择品种时考虑月季覆盖的空间和造型应用方式很重要。

▼'伊吕波'

树状月季

先培养砧木，让它长高后，再在其上部嫁接接穗，让月季长成如树木般的外形，即树状月季。可选择让月季在较高的位置开花，或让花枝垂下来，再在基部搭配种植草花，从而让庭院或花坛的景观造型更具立体感。

适合的品种 进行嫁接的部位不会马上干枯，花开得很漂亮的品种。例如：'和平''乌拉拉''小特里亚农宫''波莱罗''爱莲娜''杰斯特·乔伊''咖啡拿铁''笑颜'等。

「白色龙沙宝石」

围栏或栅栏

利用围栏或栅栏的造景，可将其当作支柱，牵引枝条向侧面生长，因此大部分品种都可以拿来使用。当围栏比较长时，可同时种植多个品种，巧妙搭配出美丽的景致。若围栏不够月季攀附，可以架设铁丝，加以牵引。若是沿着马路种植，要注意不要让延伸的枝条对行人造成困扰。

适合的品种　沿着马路边种植能散发香气的品种，或能横向蜿蜒生长并开出大量花朵的品种等。

地被月季

牵引枝条在地面横向蔓延生长的一种造景方式。适合枝条柔软，无法直立，能绽放大量小型花朵的品种。

低矮品种、一茎多花且具匍匐性的小花品种、具抗病性的品种等。

墙　面

让月季沿着建筑物的墙面蔓延生长的造景方式。频繁萌生新梢的品种，必须反复进行牵引，相当耗费工夫，因此要避免选用。花朵容易低垂、朝下开花，或花茎很长、枝条容易垂落的品种，必须考虑开花的位置，妥善地规划运用。为了固定枝条，可能会在墙壁上打螺丝钉或架设铁丝。

不容易萌生新梢的品种。

网格花架

网格花架有各式各样的尺寸，可依据实际情况选用。可把多个花架并排在一起形成围栏或围墙，或放在庭院的中间作为景观的视觉焦点，运用方法多样。

▼被牵引攀附在盆栽花架上的状态。

花茎短的品种、藤本微型月季、修剪得很短也能开花良好的品种。

锥型花架

利用牵引让枝条缠绕在支柱或灯笼状的锥形花架上，适合在狭小空间栽培多个品种，也可以用来作为景观标志物或视觉焦点。

▼‘健壮’

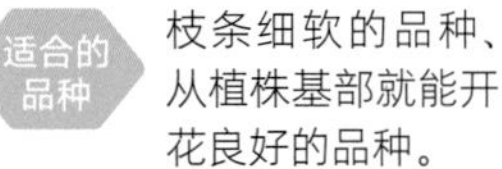

枝条细软的品种、从植株基部就能开花良好的品种。

花　床

通过牵引让月季在如床般的棚架（高50～60厘米）上生长的一种造景方式。因将枝条水平牵引，大部分品种的开花状况都会变好。花茎长、枝条下垂或花朵低垂朝下开花的品种，花朵不容易被看见，因此要避免选用。

◀「瑞伯特尔」

适合的品种　灌木月季、能横向蜿蜒生长的枝条并开出大量花朵的品种。

棚架或屋顶

有时会看到有人在庭院或房前的棚架、车棚的屋顶上，种一些朝上开花的品种，虽覆盖整个棚架或屋顶，但却无法清楚看见花的模样。若想要享受赏花的乐趣，要选花茎延伸较长、花朵低垂朝下开花的品种，或利用牵引，让较多的枝条攀附在屋顶的周围。

▲‘丽江蔷薇’

枝条延伸力较好的品种、花茎长且花朵低垂朝下开花的品种等。

拱　门

为了让花开得比较繁茂，需要利用牵引让枝条呈S形弯曲生长，因此适合选用枝条柔软的品种。若是选用从植株基部就会开花的品种，拱门下部也能看见繁花似锦的景致。小型拱门，若选种花茎较长的品种，可能会对穿越的行人造成困扰，因此要避免选用延伸力旺盛的品种。

枝条柔软的品种、从植株基部就会开花的品种、灌木月季、古代月季等。

▶「萨拉班德」

月季园的设计

打造令人憧憬的庭院

从开始栽培月季，内心就会对庭院设计有一定的憧憬！即便空间狭小，仍然不想放弃打造美丽庭院的梦想。只要了解配合空间的设计规则，就能实现这样的梦想。

良好的庭院设计有两大重点。第一，月季园的设计步骤如下：①确定设计理念→②表现月季的美丽之处→③设计要能融入周围环境→④营造视觉焦点。不论是多大的庭院，都必须遵循这四步设计规则。第二，配合空间的设计规则。不同的庭院，器具或物品的摆设方式会有差异，品种选择也必然不同。本书会将庭院的类型分为阳台、小庭院、大庭院，分别解说设计的诀窍。

◀沿着棚架或围栏栽培的藤本月季，建议选用多个品种组合搭配。花色方面，选择华丽或典雅的颜色，庭院给人的感觉也会跟着改变。

▼被花坛包围的庭院，一览无余。在铺着地砖的空地上摆设花园桌椅。

月季园的设计步骤

步骤❶

确定设计理念

当你想打造月季园时，首先要确定设计理念。不用觉得太难，只需有“想要一个开满红月季的阳台”“希望能一边欣赏月季，一边和家人快乐享用午餐”“希望能愉悦路人的心情”等简单的想法即可。在设计开始前决定好设计理念是很重要的一件事。

步骤❷

表现月季的美丽之处

接下来要开始设计月季园，注意要善于运用月季之美，展现其美丽风姿，彰显月季园的特色。不要只专注在一种月季上，要巧妙运用多种月季，搭配出令人赏心悦目的庭院景致。因此花期调整、品种选择将会是重点。

步骤❸

设计要融入周围环境

在进行设计时，往往会不自觉地把注意力放在品种选择上。但窗户的类型、从房间看出去的景观、房屋的材质和颜色、庭院与房屋或门前通道之间的相对位置、与邻地间的位置关系等与建筑物有关的因素，都应在庭院设计时加以考虑。希望你在打造月季园时，能融入周围环境中。

步骤❹

营造视觉焦点

庭院必须有视觉焦点，以营造出立体感，创造视觉深度。营造视觉焦点并不困难，只需摆放一个具有高度且引人注目的显眼物品就可以了。可视个人喜好选择，如锥形花架、花柱或大型装饰物等。

铃木 栽培秘笈

要以月季栽培作为基础，才能实现你梦想中的设计

设计月季园是有趣且开心的事。但是，请别忘记栽培月季应注意的基本事项。

1 建筑物和庭院的位置关系、方位、日照、通风、排水等因素都应确认清楚。

2 依据花色、花朵大小、花期、叶片大小等因素选择合适的品种。

3 估算每天在养护管理上投入的时间，从而评估最适栽种量及品种。

还有一件很重要的事就是整地，应将其纳入考量。

阳台设计

即使是空间较小的阳台，也能规划成小型月季园，享受设计的乐趣。因为面积小，往往会让人觉得只能设计成简单风格。其实若能善加利用网格花架或锥形花架，能让整个空间设计更具美感。阳台栽培的相关重点也应事先有所了解（➡P84）。

design-01

三角形或梯形小阳台

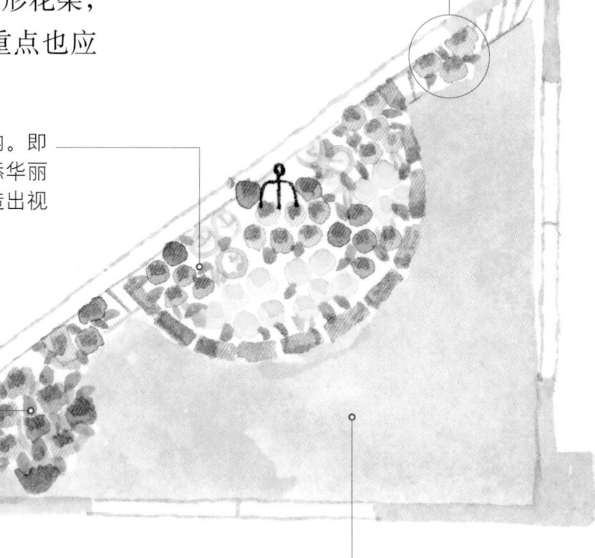

design-02

某个方向有强烈日照的大阳台

design - 03

L形阳台

在这个与厨房相连，放着花园桌椅的区域里，摆放着有月季攀附其上的网格花架，给桌子周围增添缤纷华丽的气息。

若放置盆栽的空间有限，可用网格花架悬挂盆栽，还可以用来遮挡晒衣架。

混凝土地板经过太阳直射，容易干燥、开裂，铺上草皮或木地板，可以缓和这种现象，也让花园更有大自然的气息。

在角落的盆栽里插上锥形花架，牵引藤本月季使其向上攀缘，或种一些直立型品种，创造层次感，并使其成为阳台花园的视觉焦点。

古色古香的木桌、木架与月季园非常相衬。上面摆放一些微型月季盆栽或装饰品，更有韵味。

利用长条形花槽进行混栽，表现出华丽感和分量感。调整植株的高度，会看起来更立体。

design - 04

普通小阳台

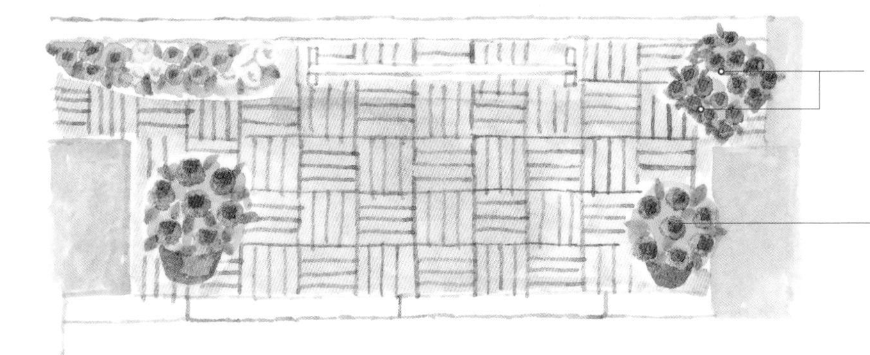

在台阶上放置盆栽，呈现出高低错落的立体感。可以利用同色系的月季，表现出微妙的颜色渐变，或利用花朵大小的差异去营造视觉的对比，享受布置花园的乐趣。

没有足够空间放置太多盆栽的阳台，只需放一个大型盆栽，就能营造华丽感。可以利用设计感强的漂亮盆器去营造出你喜欢的氛围。

Point

严格遵守住宅楼或公寓的管理制度

- 可能会遇到阳台是共享的，或是无法设置大型网格花架。
- 不要阻碍消防通道，还要防止基质堵塞排水管。
- 要注意不要让吊盆土或水洒落到楼下阳台或马路上。
- 设计时，要让人坐在房间里就能看见美丽的景观。

小庭院设计

利用锥形花架或装饰物表现出高低错落的变化，可以让庭院看起来更宽广，更有立体感。

Point

通过风格或色调的统一，提升格调

- 选择枝条柔软、叶片优雅柔和的品种，能让整个庭院沉浸在温暖舒缓的氛围里。
- 小庭院的设计最好要层次变化分明，以提升视觉效果和观赏性。
- 与其注重月季的多种多样，不如在色调上表现出某种程度的统一，反而更能提升月季园的格调。

design - 01 色彩柔和的小花园

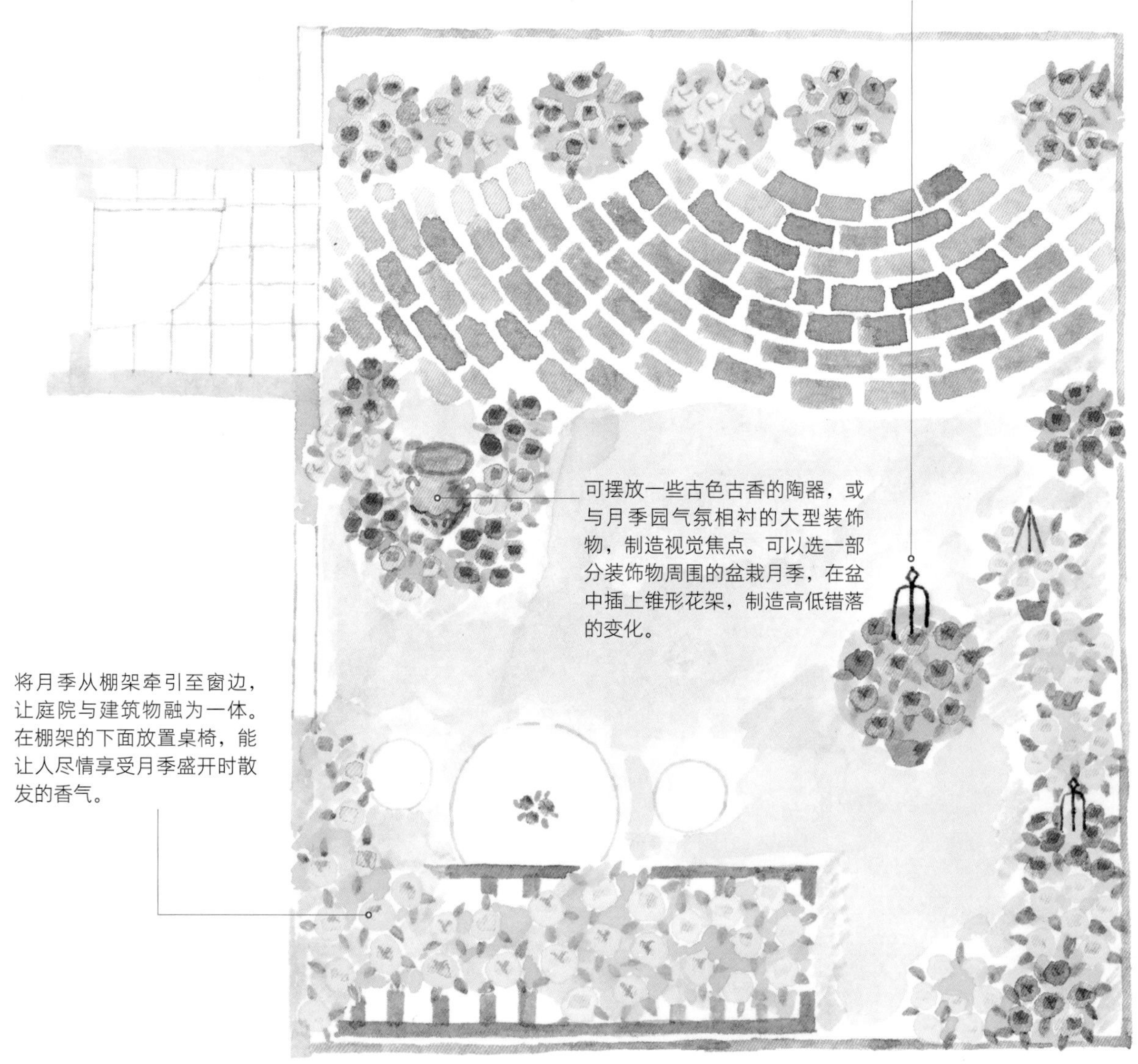

design - 02

利用盆器营造景观的小庭院

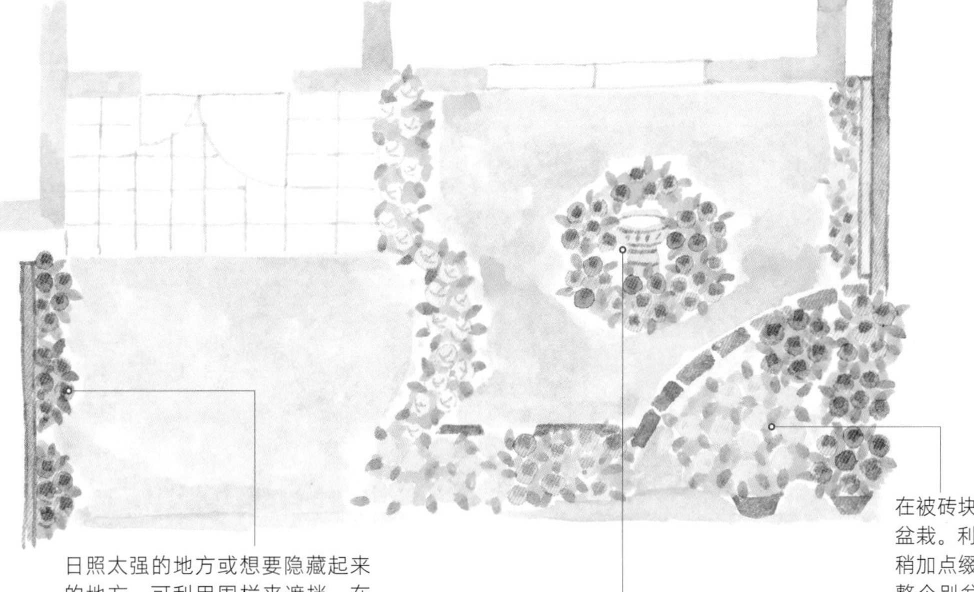

日照太强的地方或想要隐藏起来的地方，可利用围栏来遮挡。在围栏上吊挂盆栽，可以提高观赏视线的高度，营造景观的高度和广度。

通过欧式装饰物或大型锥形花架的摆放，营造庭院的视觉焦点。也可用大型树状月季替代。

在被砖块包围的花坛里放置许多盆栽。利用大型素烧陶盆等盆器稍加点缀，气氛就随之改变。调整个别盆器，改变月季的高度，就能让景观更有变化。

design - 03

色调统一的藤本月季营造的浪漫小庭院

摆放锥形花架，牵引月季攀附其上，花架底部种植草花簇拥其下。锥形花架可以当作与邻居庭院分隔的围墙，还能为庭院营造立体感。

将月季牵引至面向马路一侧的围栏上。在通往庭院的入口处设立一座小型拱门，与围栏连成一体。

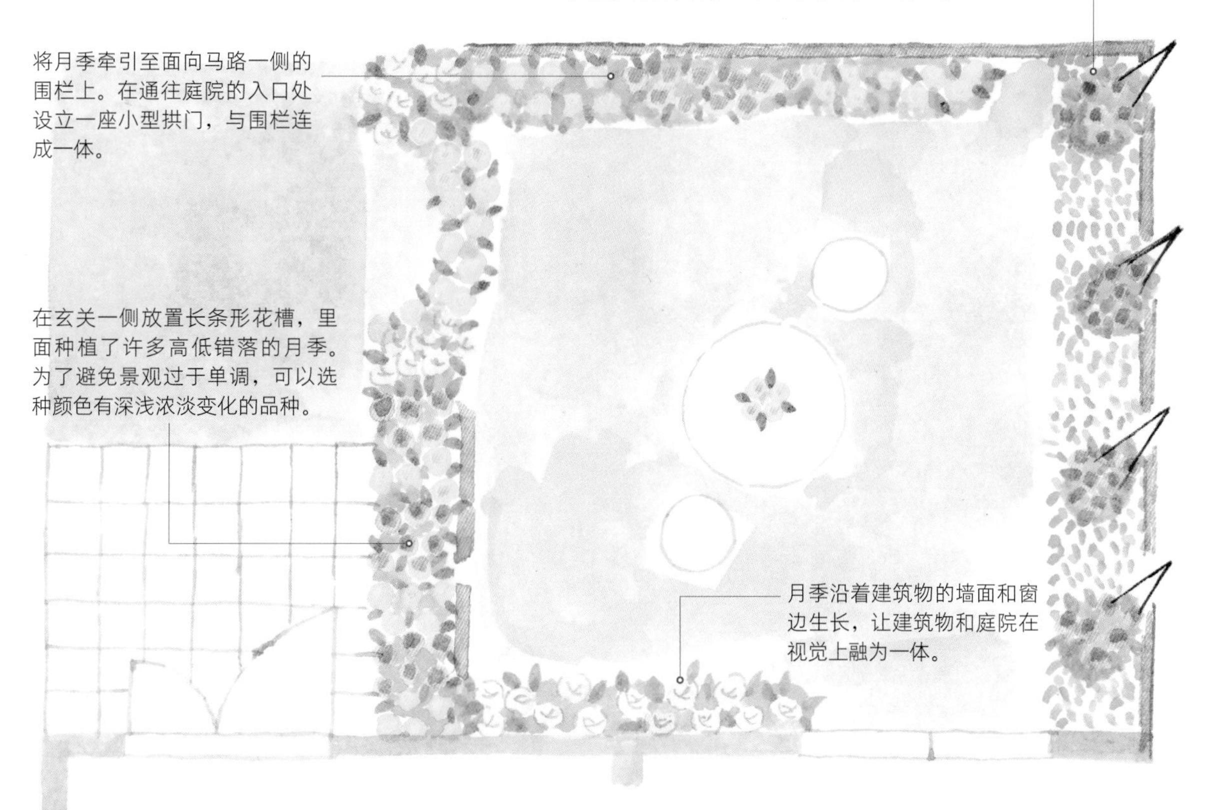

在玄关一侧放置长条形花槽，里面种植了许多高低错落的月季。为了避免景观过于单调，可以选种颜色有深浅浓淡变化的品种。

月季沿着建筑物的墙面和窗边生长，让建筑物和庭院在视觉上融为一体。

大庭院设计

大庭院里可以摆放长凳、椅子、棚架、拱门、锥形花架、花柱等作为装饰。这些物品的配置必须一开始就要设计好。也可利用高台或花园露台来提升庭院的观赏性。

Point

设计诀窍就是从大型物体开始做决定

- 视觉焦点是圆形还是方形，或其他形状？先决定好最大的焦点，再进行后续的设计。
- 摆放代表月季园的物品或拱门，营造欣喜雀跃的氛围。
- 简约风格的装饰物跟月季会比较相映。

design - 01

打造一个沿着小径处处是美景的大型月季园

design - 02
让路过的行人
驻足欣赏的大型庭院

利用月季攀附的围栏制造出一定高度，起到划分空间和遮阳挡风的效果。

将较高的盆栽月季放置于入口两侧，营造出左右对称的均衡美感。

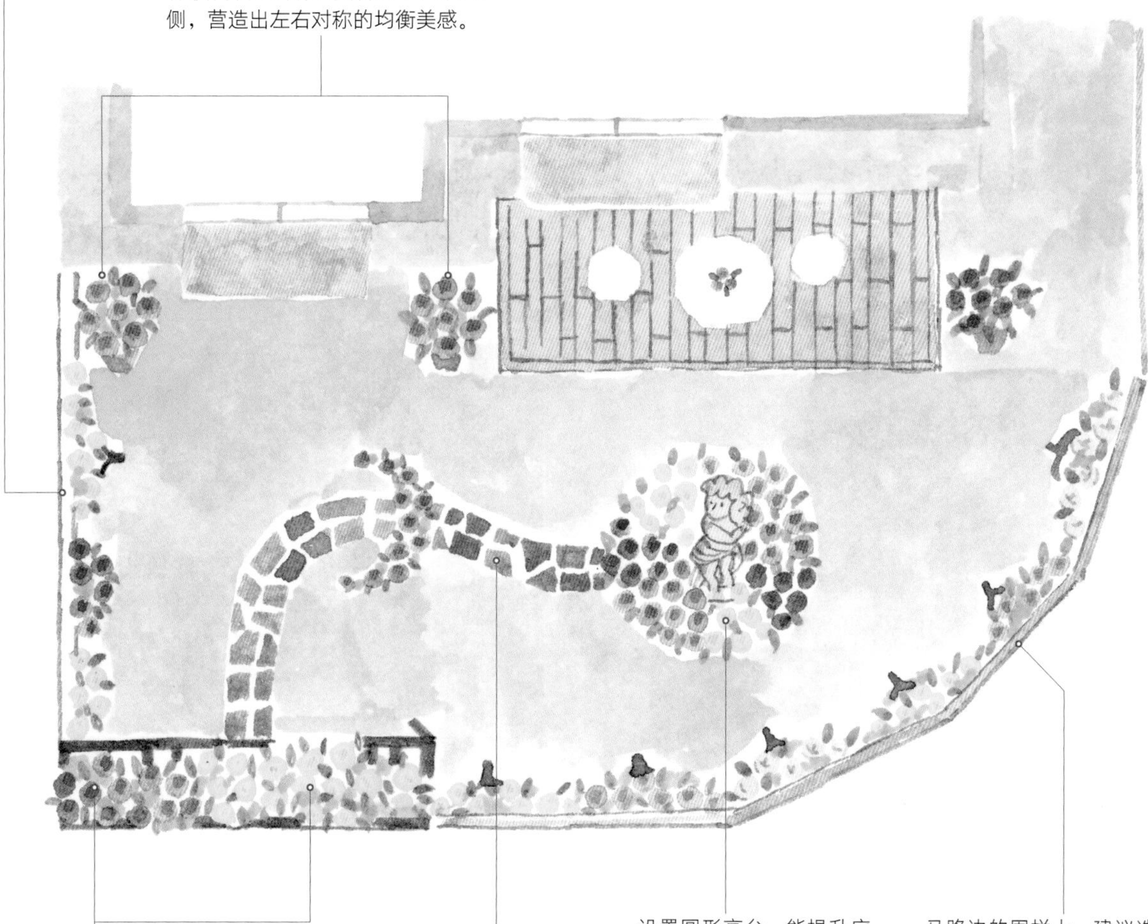

设置攀附2种月季的棚架，增强庭院景观的立体感。建议在棚架下摆放能坐着欣赏庭院美景的长凳。

小径选用的砖块或石头的颜色、质感，对庭院氛围具有很大的影响。

设置圆形高台，能提升庭院的立体感和华贵形象。在高台中央放置大型古风装饰物，可以起到画龙点睛的效果。

马路边的围栏上，建议选择香气强的品种，让路过的行人也能享受赏景闻香的乐趣。若种的是高大的月季，也具有围墙的阻隔作用。

品种的选择①

适合栽培的品种

按类型选择

这里将按照不同分类介绍月季品种。请根据居住地区、种植场所等环境因素选择适合你栽培的品种。从图标和基本资料就能很清楚地看出月季类型。

六种分类

按照特定的属性进行分类和介绍。

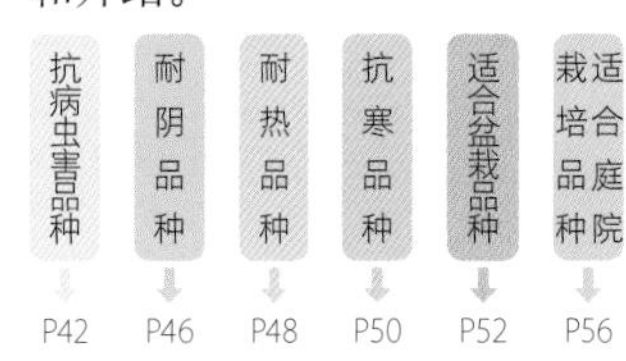

P42 P46 P48 P50 P52 P56

图标

病害
- 黑 …… 抗黑斑病
- 白 …… 抗白粉病

环境温度
- 热 …… 耐热
- 寒 …… 抗寒
- 阴 …… 耐阴

栽培场所
- 盆 …… 适合盆栽
- 庭 …… 适合庭院栽种

开花习性
- 四季 …… 四季开花型
- 重复 …… 重复开花型
- 一季 …… 一季开花型

香气强度
- 强香 …… 香气浓郁
- 中香 …… 香气中等
- 微香 …… 香气微弱

基本资料的代表意思

〈系统〉…… 月季所属系统的英文缩写
〈花色〉…… 花瓣的颜色
〈花形〉…… 花瓣的排列方式、开花方式
〈花瓣〉…… 花瓣的形状
〈花径〉…… 花的直径
〈株型〉…… 植株整体外形
〈株高〉…… 成株时的高度
〈得奖〉…… 主要获奖的竞赛名称

系统的英文缩写

F	丰花月季
HT	杂交茶香月季
CL	藤本月季
S	灌木月季
Min	微型月季
ER	英国月季

竞赛名称的英文缩写

AARS	全美月季品种选拔大赛
ADR	德国国际月季竞赛
BADEN	德国巴登巴登国际月季竞赛
BAGATELLE	法国巴盖特尔国际月季竞赛
ECHIGO	国际芳香新品种月季大赛
GIFU	日本岐阜国际月季竞赛
JRC	日本国际月季新品种竞赛
LYON	法国里昂国际月季竞赛
MONZA	意大利蒙扎国际月季竞赛
HAGUE	荷兰海牙国际月季竞赛
RNRS	英国皇家月季协会
ROME	罗马国际月季竞赛
WFRS	世界月季联合会
GENEVE	日内瓦国际新品种月季大赛

抗病虫害品种

月季最容易感染的代表性病害是黑斑病和白粉病。近年来，每年都有抗病虫害的品种被授权。这里将会介绍能够抗这两种病害的月季品种。抗病虫害的月季容易养护，尤其适合新手栽培。

贝芙丽
— Beverly —

系统：HT
花色：粉红色
花形：高心型
花瓣：剑瓣
花径：10 ~ 12厘米
株型：横张型
株高：120 ~ 150厘米
得奖：BADEN等奖项

花茎软，耐热性很强。香气很浓郁，参加过不少竞赛，得过各式各样的奖项。

黑 白 热 阴 庭 四季 强香

柠檬酒
— Limoncello —

系统：S
花色：黄色
花形：半重瓣型
花瓣：波浪瓣
花径：3 ~ 4厘米
株型：半横张型
株高：120 ~ 150厘米

花茎细软，开花量多，大簇盛开的模样很适合用来庭院造景。建议种在低矮围栏之类的地方。

黑 白 热 寒 阴 盆 庭 四季 微香

株型娇小，即使盆栽也容易养护。香气很强。即使秋天，花也能开得很漂亮。

黑 白 热 寒 盆 庭 四季 强香

很容易萌生新梢，又不容易感染害虫的品种。花量可观，也可以牵引。

黑 白 热 寒 盆 庭 四季 微香

株型娇小，所以也可盆栽。秋天时，开花状况也十分好。花色的微妙变化是其魅力所在。

黑 白 热 寒 盆 庭 四季 中香

即使没有喷洒药剂，也不容易感染病害。能持续不断地开花。很容易养护的品种。

黑 白 热 寒 阴 盆 庭 四季 微香

花茎弯曲，即使没有牵引，从植株基部就能开花开得很漂亮。属于老枝也会开花的类型。

黑 白 热 寒 盆 庭 重复 微香

不会因寒害发生黑斑病。散发水果般的香气，因而在不少芳香竞赛上获奖。

黑 白 热 寒 庭 四季 强香

诺瓦利斯
— Novalis —

系统：F
花色：薰衣草紫
花形：杯型
花径：9厘米
株型：直立型
株高：120 ~ 150厘米
得奖：ADR

蓝色系月季里最强健的品种。耐阴性强，植株生长良好，也很容易开花。

黑 白 热 寒 阴 盆 庭 四季 微香

艾拉绒球
— Pomponella —

系统：CL
花色：深桃红色
花形：杯型
花径：4厘米
株型：藤蔓型
株高：200厘米
得奖：ADR

单茎上有10 ~ 15朵花成簇绽放，能够重复开花。叶子带有光泽，建议种在拱门上。

黑 白 热 寒 庭 四季 微香

恋情火焰
— Mainaufeuer —

系统：S
花色：红色
花形：平开型 / 重瓣
花瓣：圆瓣
花径：6.5 ~ 7.5厘米
株型：藤蔓型
株高：120厘米
得奖：JRC

耐干旱，适合庭院造景。单株月季就能开很多花，建议种在盆器和低矮的围栏旁。

黑 白 热 寒 盆 庭 四季 微香

浪漫的梦
— Umilo —

系统：S
花色：杏色至淡桃红色
花形：环抱型
花瓣：波浪瓣
花径：7 ~ 8厘米
株型：半藤蔓型
株高：150 ~ 200厘米
得奖：HAGUE

虽然很容易长出较长的新梢，但也可以将花枝剪短，修整成较小巧的植株来种植。散发着一股辛香。

黑 白 寒 盆 庭 四季 中香

安德烈 · 葛兰迪
— Andre Grandier —

系统：HT
花色：淡黄
花形：平开型
花瓣：圆瓣
花径：10厘米
株型：半横张型
株高：150厘米
得奖：ARRS等奖项

黄色月季里少见的能抗黑斑病的强健品种。淡黄的花色，花瓣边缘偏白色。

黑 白 庭 四季 微香

婚礼钟声
— Wedding Bells —

系统：HT
花色：淡粉红色，边缘夹杂其他颜色
花形：高心型
花瓣：内侧为圆瓣，外侧为剑瓣
花径：13 ~ 15厘米
株型：半横张型
株高：120 ~ 150厘米

花瓣很强韧，因此即使淋到雨，花朵也不容易损伤。修剪的位置要稍高一点。容易长盲芽的品种。

黑 白 热 寒 庭 四季 中香

花瓣数量很多，好似捧花般成簇绽放。株型小巧，很适合盆栽或种在花坛里。

黑 白 热 寒 盆 庭 四季 微香

即使修剪得比较短，还是能开很多花，因此可以将其培育成繁盛茂密的低矮植株。

黑 白 热 寒 盆 庭 四季 微香

一条花枝上能开1 ~ 5朵花，花期持久，株型整齐。耐阴性强。花色为雾面红。

黑 白 热 寒 庭 四季 微香

杏粉红色花瓣有着漂亮的波浪折边，雍容华贵。非常耐寒，芳香宜人。

黑 白 热 寒 盆 庭 四季 强香

稍微不耐热，但抗病性强。花茎柔软，夏季在凉爽场所会长成灌木状。

黑 白 寒 盆 庭 四季 中香

蓝色系月季里颜色非常深的品种，属于不容易萌生新梢更新枝条的类型，能长成强健的植株。

黑 白 热 寒 盆 庭 四季 微香

耐阴品种

月季喜日照，若在日照不足的场所种植月季，请选择耐阴品种。抗病性强的品种，通常耐阴性也很好。在背阴处种植，必须确保通风及排水良好。

具抗病性，耐热性也良好。花托结实稳固，花瓣会越呈现出波浪状。

黑 白 热 寒 阴 庭 四季 中香

开花性和持久性皆良好，即使把植株剪短也不影响开花。将枝条横向牵引，可以让花开得更茂盛。

白 热 寒 阴 庭 重复 微香

即使冬季修剪时将枝条剪短，花也能开得很好。种在花槽等盆器里也很容易养护。

黑 白 热 寒 阴 盆 庭 四季 微香

英国月季中抗病性极佳的品种。辛香中散发微微茶香。

生命力旺盛，非常耐寒，即使在北海道也能种植。散发着浓郁的大马士革香气。

黑 白 热 寒 阴 庭 四季 强香

永恒蓝调
— Perenial Blue —

系统：CL
花色：紫红色，中心为白色至淡粉红色
花形：平开型
花瓣：圆瓣
花径：2～3厘米
株型：藤蔓型
株高：150～300厘米
得奖：BADEN

冬季修剪即便将枝条剪短，开花状况亦良好。成株时若植株发育结实，秋天也能开花。要注意防治叶螨。

黑 白 热 阴 盆 庭 重复 中香

夏日回忆
— Summer Memories —

系统：CL
花色：乳白色
花形：簇生型
花径：7～9厘米
株型：藤蔓型
株高：200厘米
得奖：ROME等奖项

植株基部就能开花，种在拱门或支柱上也能开得茂盛华丽。即使将植株剪短，开花状况依然良好。

黑 热 寒 阴 庭 四季 微香

玛蒂莲达
— Matilda —

系统：F
花色：乳白色里带着淡淡的粉红色
花形：平开型
花瓣：圆瓣
花径：5～6厘米
株型：横张型
株高：80～90厘米
得奖：BAGATELLE等奖

强健品种。可修整成小型植株栽种，盆栽也没问题。花瓣上的粉红色在秋天会比春天更明显。

热 寒 阴 盆 庭 四季 微香

粉红夏之雪
— Pink Summer Snow —

系统：CL
花色：粉红色
花形：重瓣型
花瓣：波浪瓣
花径：5～6厘米
株型：藤蔓型
株高：200～300厘米

几乎没有刺，如同波浪裙摆的花瓣惹人怜爱。在日本也被称为‘春霞’。

热 寒 阴 盆 庭 一季 微香

龙沙宝石
— Pierre de Ronsard —

系统：CL
花色：白中带绿，花的中心为淡粉红色
花形：杯型
花径：9～12厘米
株型：藤蔓型
株高：300厘米
得奖：WFRS

即使把植株剪短，花也能开得茂盛，但不容易萌生新梢，因此修剪时要留下老枝。

热 寒 阴 盆 庭 重复 微香

红色龙沙宝石
— Rouge Pierre de Ronsard —

系统：CL
花色：猩红色
花形：簇生型
花径：10厘米
株型：藤蔓型
株高：180～200厘米

抗病性强。冬季即使强剪，也不影响开花，所以也可盆栽。散发着浓郁的大马士革香气。

热 寒 阴 盆 庭 四季 强香

耐热品种

月季的耐热性比抗寒性差，高温会影响其生长发育。日本高温多湿的夏天，对月季而言是严酷的环境。但耐热品种，即使在盛夏，也能萌发新芽，并且开花。

卫城浪漫
— Acropolis Romantica —

系统：F
花色：花瓣底色为白色，带着亮粉红色覆轮
花形：杯型
花瓣：圆瓣
花径：5厘米
株型：直立型
株高：160厘米

新梢虽然纤细但树势佳，枝条长成后，有可能会变成藤本月季。随着开花时间越久，花色会偏白。

热 庭 四季 微香

无忧绮丽
— Carefree Wonder —

系统：F/S
花色：深桃色，瓣背为白色
花形：平开型
花瓣：圆瓣
花径：6.5厘米
株型：半直立型
株高：80～120厘米
得奖：AARS

照顾不费工夫，种在花槽等盆器里也是不错的选择。修剪的位置高一点，会让花开得更好。

黑 热 寒 盆 庭 四季 微香

笑 颜
— Emi —

系统：F
花色：杏色至灰粉色
花形：高心型至簇生型
花瓣：半剑瓣
花径：9～10厘米
株型：半直立型
株高：70～100厘米

欣赏花色和花形的微妙变化是乐趣所在。可修剪成小巧植株进行管理，因此也能盆栽。

热 盆 庭 四季 微香

伊豆舞娘
— Dancing Girl of Izu —

系统：F
花色：黄色
花形：簇生型
花瓣：半剑瓣
花径：9厘米
株型：直立型
株高：130～160厘米

黄色月季里的晚花珍贵品种。极耐干旱，直至晚秋都能持续开花。香气宜人。

热 寒 庭 四季 中香

家居庭院
— Home & Garden —

系统：S
花色：桃粉色
花形：簇生型
花径：6～7厘米
株型：横张型
株高：60～100厘米

抗病性强，开花性佳，5～10朵聚集成簇开花。可在较高的位置进行修剪，培养成藤本月季的形态。

黑 白 热 寒 庭 四季 微香

黄色月季里最强建的品种。属开花早，不容易褪色的矮生品种。

热 盆 庭 四季 微香

从切花人气品种‘古典焦糖’芽变而来的花色变异品种。盆栽也很适合。

热 阴 盆 庭 四季 中香

因晒伤导致花瓣皱缩的情况不常发生，因此花形不容易缺损，能长时间维持美丽的花姿。

热 盆 庭 四季 微香

树势强，会持续不断长出新枝，开出大量花朵。强健品种。

白 热 寒 盆 庭 四季 中香

波浪状的花瓣，夏季时颜色会变得更鲜明。适合盆栽。有大马士革香气。

热 盆 庭 四季

即使冬季修剪时将植株剪短，春季至初秋都能开很多花。散发着类似甜柠檬的香气。

热 寒 庭 四季 强香

抗寒品种

月季在气温下降时，叶子会掉落，而且会停止生长，从而为春天开花做准备。日本北海道和东北冬季严寒，气温较低，容易结冰，月季可能会发生冻害。若要在此类寒冷地区种植月季，请选择耐寒品种。

能抗病害，秋季时也能开花良好。属植株小巧低矮的品种，所以也很适合盆栽。

黑 白 热 寒 盆 庭 四季 微香

经常萌生新梢，在背阴处也能生长的强健品种。花色在秋天时会明显偏黄。

白 热 寒 阴 庭 四季 微香

开花时间越久，粉红色花瓣上会渐渐出现深桃红色的斑点，花枝刺少。

黑 白 寒 庭 重复 中香

枝条大体上是直直向上延伸，到了上部向外扩展。春天会密集开花，散发着清新宜人的香气。

热 寒 阴 庭 重复 中香

枝条呈灌木状延伸，也可培育成藤本月季。带着清爽宜人的香气，具抗病性。

黑 白 热 寒 盆 庭 四季 中香

抗病性强。可以作为藤本月季使用，牵引在围栏等上面。散发着清爽的香气。

黑 白 热 寒 庭 四季 中香

虽然属于晚花品种，但是会多次反复开花。花瓣厚实强健，少有褪色的情况发生。

黑 白 热 寒 盆 庭 四季 微香

夏季有时叶子会变形并长斑，待9月天气凉爽后就会恢复正常。鲜红色的大型花朵，非常具有存在感。

黑 白 热 寒 庭 四季 微香

黄色的花朵随着开花时间越久，会逐渐偏白，享受花色的渐变是乐趣所在。香气清爽宜人。

黑 白 寒 阴 盆 庭 四季 强香

香气诱人，到了秋季依然花量繁多的古代月季。修剪方式请参照丰花月季（➡P144）。

黑 热 寒 盆 庭 四季 强香

花期长而持久，因此是切花的人气品种。可以培养成小型植株，也适合盆栽。

寒 盆 庭 四季 微香

适合盆栽品种

不会长得很高，能维持小巧株型，长至成年后，即使不换盆，依然每年都会开花，这样的品种适合盆栽。但是这类品种从新苗到成苗需3 ~ 4年，及时换盆还是有必要的。

新娘头冠
— Bridal Tiara —

系统：S
花色：象牙白
花形：高心型
花瓣：圆瓣
花径：7 ~ 8厘米
株型：半横张型
株高：80 ~ 120厘米

对黑斑病的抗病性强。植株的枝茎繁茂，虽然单一花枝上的花朵数量很少，但是会持续不断地开花。

黑 热 寒 盆 庭 四季 微香

摩纳哥王妃
— Princesse de Monaco —

系统：HT
花色：白底，边缘为粉红色
花形：高心型
花瓣：半剑瓣
花径：12 ~ 15厘米
株型：半横张型
株高：150 ~ 200厘米
得奖：MONZA、GENEVE

抗病性强，新手也容易栽培的人气品种。以摩纳哥王妃葛丽丝·凯丽为名。

热 寒 盆 庭 四季 中香

海蒂克鲁姆
— Heidi Klum —

系统：F
花色：粉紫色
花形：簇生型
花瓣：圆瓣
花径：9 ~ 10厘米
株型：半横张型
株高：80厘米

开花性极佳，对白粉病的抗病性差，需注意。修剪要在较高的位置进行。散发着大马士革香气。

热 寒 盆 庭 四季 强香

浪漫阳光
— Sunlight Romantica —

系统：F
花色：亮黄色
花形：簇生型
花径：6 ~ 7厘米
株型：半横张型
株高：60 ~ 70厘米

一条花枝上6 ~ 8朵花成簇绽放，整个植株满满都是花朵。开花后花色渐渐偏白。散发着浓郁果香。

黑 寒 盆 庭 四季 强香

奥林匹克火炬
— Olympic Fire —

系统：F
花色：鲜红色
花形：杯型
花瓣：圆瓣
花径：9 ~ 10厘米
株型：横张型
株高：60厘米

花期长而持久的强健品种，因淋雨而造成花朵受损的情况很少发生。晚秋时红色会越发鲜艳浓郁，非常美丽。

热 盆 庭 四季 微香

历 史
— History —

系统：HT
花色：粉红色
花形：簇生型
花瓣：圆瓣
花径：10 ~ 12厘米
株型：横张型
株高：120厘米

圆滚滚的花形是其特征。开花性良好，但在植株长得强健结实之前，栽培管理上要控制其开花的数量。

热 寒 盆 庭 四季 微香

小特里亚农宫
— Petit Trianon —

系统：F
花色：淡粉红色
花形：簇生型
花瓣：圆瓣
花径：13厘米
株型：半直立型
株高：120厘米

抗病性很强，花枝少刺的品种。晚秋时若能将开过花的枝条剪掉，之后的花会开得更好。

黑 白 热 寒 阴 盆 庭 四季 微香

冰 山
— Iceberg —

系统：F
花色：纯白
花形：半重瓣
花径：7 ~ 8厘米
株型：半横张型
株高：100厘米
得奖：WFRS

不容易萌生新梢更新枝条的品种，所以修剪时要适度保留老枝。花枝少刺的人气品种。

热 寒 盆 庭 四季 微香

红心A
— Herz Ass —

系统：HT
花色：深红色
花形：高心型
花瓣：半剑瓣
花径：9 ~ 11厘米
株型：直立型
株高：100厘米

花瓣质地坚挺，开花时间持久。刺比较少的品种。其花名源自意大利语，意思是“扑克牌的红心A”。

热 寒 盆 庭 四季 微香

瑞伯特尔
— Raubritter —

系统：S
花色：深粉红色
花形：杯型
花瓣：圆瓣
花径：4 ~ 5厘米
株型：半横张型
株高：100厘米

即使长期不换盆，依然能持续开花。稍不耐热，在寒冷地区枝条比较容易延伸。修剪时要保留较多枝条。

寒 盆 庭 一季 微香

蓝宝石
— Blue Bajou —

系统：F
花色：浅紫色
花瓣：圆瓣
花径：7 ~ 8厘米
株型：横张型
株高：120 ~ 150厘米

花枝少刺，拥有中花丰花系列里罕见的梦幻浅紫色。不太耐寒的人气品种。

热 盆 庭 四季 微香

一条花枝上8 ~ 15朵花成簇绽开，一次就会开很多花。刺略少，花枝长，适合作为切花品种。

热 寒 盆 四季 中香

原本是淡杏色，但有时会因气候的变化而开出亮黄色的花朵。香气迷人，花茎柔软。

热 寒 盆 庭 四季 中香

稍晚花品种，花瓣厚实，适用于制作干花。抗病性和抗寒性都很强。

热 寒 阴 盆 庭 四季 微香

花瓣不容易长斑，抗病性很强。生长快速，而且非常耐热。香气清新宜人。

黑 白 热 盆 庭 四季 强香

晚花品种，秋季时花色会变深。花茎柔细。若能做好黑斑病的防治工作，能让秋天开花状况变好。

热 寒 盆 庭 四季 微香

长大后，枝条会下垂呈弯弓状，并持续不断开花。体质强健，即使在阳台也很容易栽培。

黑 白 热 寒 盆 庭 四季 微香

迪士尼乐园
— Disneyland —

橘色里夹杂着粉红色，十分耀眼的花色，一条花枝上3 ~ 10朵花成簇开放，整株繁花茂盛。要特别留意黑斑病。

盆 庭 四季 微香

希望与梦想
— Hopes and Dreams —

株型低矮，枝繁叶茂，一条花枝会开很多花，属抗病性强的强健品种。花期长而持久。

黑 白 热 寒 盆 庭 四季 微香

光　辉
— Kagayaki —

杂交茶香月季系列里小型的早花品种。花瓣的背面为黄色，恰如其名般绽放耀眼的色彩。

热 盆 庭 四季 微香

戴高乐
— Charles de Gaulle —

花枝刺少的品种，融合了大马士革蔷薇、现代月季和茶香月季的浓郁香气。植株变老时，萌发新梢的概率会减少。

盆 庭 强香

浪漫宝贝
— Baby Romantica —

株型漂亮整齐。作为切花使用，持久耐放，所以适合作为花束或花篮的花材。

热 寒 盆 庭 四季 微香

乌拉拉
— Urara —

开花性极佳，会一直持续开花到秋天。非常适合新手种植的强健品种。

黑 白 热 寒 盆 庭 四季 微香

适合庭院栽培品种

可以长成大型植株的品种，庭院栽培会比盆栽合适。最好依据种植的场所去选择合适的株型。为了让植株健康生长且寿命持久，选择日照、通风和排水良好的种植场所也是很重要的。

热 情

— Netsujo —

系统：HT
花色：赤红色
花形：高心型
花瓣：剑瓣
花径：11 ~ 12厘米
株型：直立型
株高：120 ~ 150厘米
得奖：JRC

花形漂亮，适合参加竞赛展览的强健品种，会长成大型植株。作成切花也能保鲜很久。

热 寒 盆 庭 四季 微香

帕特·奥斯汀

— Pat Austin —

系统：ER
花色：亮橙色
花形：杯型
花瓣：圆瓣
花径：7 ~ 8厘米
株型：半直立型
株高：110 ~ 140厘米

英国月季中株型比较小巧紧密的品种。散发着清新宜人的茶香。

盆 庭 四季 强香

米拉玛丽

— Miramare —

系统：HT
花色：黄色，带红色覆轮
花形：高心型至簇生型
花瓣：剑瓣
花径：12厘米
株型：直立型
株高：100 ~ 150厘米
得奖：GIFU、JRC

会因气候或植株状况的差异，而产生黄色、红色、粉红色等复杂的颜色变化。稍晚花、体质强健的品种。

热 寒 庭 四季 中香

柴可夫斯基

— Tchaikovski —

系统：HT
花色：乳白色，中心为淡黄色
花形：簇生型
花瓣：半剑瓣
花径：10 ~ 12厘米
株型：半直立型
株高：150厘米

散发着古典气息，花朵经常群集成簇绽放，即使到了秋天，仍能维持良好的开花状况。树势非常强健。

庭 四季 微香

克莉斯汀·迪奥

— Christian Dior —

系统：HT
花色：亮红色
花形：高心型
花瓣：剑瓣
花径：10 ~ 15厘米
株型：直立型
株高：150 ~ 180厘米
得奖：AARS

花开时雍容华贵，花期长而持久，因而成为人气品种。不耐白粉病，所以初夏和秋天时要特别留心。

热 寒 阴 庭 四季 微香

抗病性强，枝条很容易生长延伸，因此也可以将之培育成藤本月季。香气愉悦迷人。

黑 白 庭 四季 中香

花瓣坚韧强健，抗病性强。要培育成树状月季或藤本月季皆可，栽培方式多样。

热 寒 盆 庭 重复 微香

白中透着微绿色的稀有花色，花茎少刺的强健品种。生命力旺盛，花期长而持久。

热 寒 盆 庭 四季 微香

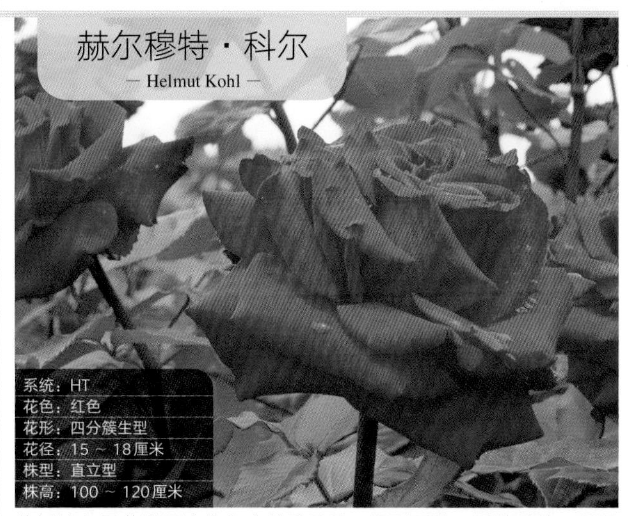

花托结实且花瓣厚实的杂交茶香月季，很耐雨淋。强健品种，很适合作为切花。

黑 白 热 寒 阴 盆 庭 四季 微香

分枝性非常好。开花时间越久，白色花瓣会转变成鲜红色，风姿华贵的美丽品种。

热 寒 盆 庭 四季 微香

花朵华丽耀眼，即使遭受雨淋，仍能持续不断开花。不耐白粉病。散发着一股茶香。

热 寒 庭 四季 强香

品种的选择②

微型月季品种推荐

株型多样化

微型月季是由中国小月季和小姐妹月季杂交而成的。如今，虽然与普通月季的分界线变得有点模糊不清，但依据品种登记信息，将大多数株型娇小、花朵和叶子小巧可爱的品种，称为微型月季。

微型月季株型或花朵虽然娇小，但是为了维持健康的状态，开出美丽花朵，跟其他月季一样，平常的栽培管理还是很重要的。不管是庭院栽培或盆栽，基本上都跟普通的月季一样。除冬季外，在进行盆苗的移植时，请注意不要破坏根团。要特别注意黑斑病和叶螨的防治。庭院栽培要避免密植，种植在通风良好的场所；盆栽也需放置于通风良好的场所。

花、叶、株高都很娇小的微型月季，在经过与小姐妹月季或丰花月季杂交后，如今已培育出丰富多样的品种。让我们来了解一下各品种的特征吧！

微型月季的株型和栽培方式

微型月季包含藤本型和半藤本型（灌木型、迷你灌木型）等类型。也有人将与丰花月季杂交所培育出来的外形稍大的微型月季，称为“庭院月季”。

有关月季的株型➡P6
有关月季的造型应用➡P30

▼将接穗嫁接在伸长的砧木上部，培养成树状月季模样的‘粉红母亲节’。

▶将藤本微型月季牵引在网格花架上的栽培方式。

▶培养成盆景的‘和子女士’

◀矮丛型的‘咖啡喝彩’

推荐的微型月季品种

矮仙女09（Zwergenfee 09）

花径　4厘米　株型　半横张型　株高　40 ~ 50厘米

特征 花重瓣，数朵花聚集成簇开花。极抗黑斑病和叶螨，抗寒性强。盆栽或庭院栽培均可。

卡琳特（Caliente）

花径：5 ~ 6厘米　株型：半横张型　株高：50厘米

特征 花剑瓣高心型，数朵花聚集成簇开花。盆栽或庭院栽培均可。花色为带有天鹅绒光泽的红色。

第一印象（First Impression）

花径　5厘米　株型　半直立型　株高　80厘米

特征 株型整齐，枝叶繁茂。抗黑斑病，容易栽培。香气很迷人。花色为鲜红色。

满大人（Mandarin）

花径　4厘米　株型　半直立型　株高　30厘米

特征 花量多且开花持久，对黑斑病的抗性稍弱。花色有橘色和黄色，在夏季时呈现出透明感。

甜蜜黛安娜（Sweet Diana）

花径　8 ~ 9厘米　株型　半直立型　株高　30 ~ 50厘米

特征 一茎一花，种植容易，对白粉病的抗性稍弱。很少褪色的黄色月季。

咖啡喝彩（Coffe Ovation）

花径　5厘米　株型　直立型　株高　30 ~ 40厘米

特征 花杯型，深茶色，但夏天会转成朱红色。开花时，放在半阴处，其花色会比放在阳光直射处漂亮。

泰迪熊（Teddy Bear）

花径　3 ~ 4厘米　株型　半直立型　株高　30 ~ 50厘米

特征 发育旺盛，能长成株型整齐紧凑的植株。沉稳优雅的赤褐色，会随着开花时间越久，呈现出粉红色。

Q 想将微型月季用于混栽，可否提供相关建议？

A 在进行混栽时，要特别注意黑斑病和叶螨的防治。栽种时保持适当的株行距，避免密植，以保持良好的通风，预防病虫害发生。跟其他花草或低矮灌木一起种植时，建议选择栽培管理方式与月季相同的种类，以及像禾本科植物等没有相同病害问题的种类，栽种起来会比较容易。

品种的选择③

适合与月季搭配的花草

甘当绿叶衬月季

适合与月季一起种植的花草，应不抢月季的肥料，且不妨碍其生长，同时也不容易感染跟月季相同的病虫害。若种植开花时间和月季不同的花草，则在月季开花少的时候，人们仍然有美丽的花可赏。

点缀在月季植株基部的花草

对植株下部不容易开花的月季而言，在其基部种一些花草，能增添其繁花茂盛的美丽风姿。

01 北葱
Allium schoenoprasum

可以当作蔬菜食用的一种草本植物。体质强健，喜日照良好的场所，耐旱性也很强。

- 科名　百合科
- 高度　20~30厘米
- 类型　多年生草本
- 花期　5~7月
- 种植　3~5月，9~10月[种]

02 粉蝶花
Nemophila menziesii

秋天播种的一年生草本植物，在寒冷地区则需在春天播种。要经常修剪过多的茎枝，以保持通风的良好。

- 科名　紫草科
- 高度　10~30厘米
- 类型　一年生草本
- 花期　3~5月
- 种植　3~4月，9~10月[种]

03 矮牵牛
Petunia × hybrida

不耐高温多湿，因此要在梅雨季开始前从植株基部将花茎剪短，夏天时会重新长出新枝，开花也会比较持久。

- 科名　茄科
- 高度　10~30厘米
- 类型　一年或多年生草本
- 花期　3~11月
- 种植　3~5月，9月[种]

04 香堇菜
Viola odorata

虽是三色堇的小型种，但比三色堇强健，而且开花性更好。喜日照充足的场所。

- 科名　堇菜科
- 高度　10~20厘米
- 类型　一年生草本
- 花期　2~4月
- 种植　8月下旬至9月[种]/10月至翌年4月[苗]

05 葡萄风信子
Muscari botryoides

喜日照良好的场所。开花后，不要剪除还呈现绿色的叶子，会有助于光合作用的进行。

- 科名　天门冬科
- 高度　10~30厘米
- 类型　多年生草本
- 花期　3~5月
- 种植　9~11月[球根]

注：[种]即播种，[苗]即移苗，[球根]即种球根。

耐阴花草

耐阴植物，能在全阴处或半阴处生长，植株高度也各不相同。

01 绵枣儿
Barnardia japonica

喜欢稍微干燥一点的地方，在半阴处也能生长。夏季至秋季是休眠期，所以要控制给水量。

- 科名　天门冬科
- 类型　多年生草本
- 种植　9～10月[球根]
- 高度　5～80厘米
- 花期　2～6月

02 落新妇
Astilbe chinensis

日照良好的场所到半阴处都适合种植。冬季时把地上部分剪掉，春季会萌生新芽。

- 科名　虎耳草科
- 类型　多年生草本
- 种植　10～12月[苗]
- 高度　30～80厘米
- 花期　5～9月

03 百里香
Thymus mongolicus

虽然耐寒性强，但不耐高温多湿，所以梅雨季来临前，最好将植株修剪一半左右会比较好。夏天最好种植在半阴处。

- 科名　唇形科
- 类型　多年生草本
- 种植　3～4月、9～10月[苗]
- 高度　15～30厘米
- 花期　4～6月

04 美洲矾根（珊瑚铃）
Heuchera micrantha

很受欢迎的一种彩叶植物。喜日照，但不耐高温，所以适合种在明亮的半阴处。

- 科名　虎耳草科
- 类型　多年生草本
- 种植　9月中旬至翌年5月[苗]
- 高度　20～50厘米
- 花期　5～6月

05 百子莲
Agapanthus africanus

日照良好的场所至半阴处都能生长良好。开花后将花茎剪短，让植株休养，下一年还会再开花。

- 科名　石蒜科
- 类型　多年生草本
- 种植　4～5月、9～10月[苗]
- 高度　70～150厘米
- 花期　6～9月

06 白蕾丝花
Orlaya grandiflora

本来是多年生草本，但不耐暑热，夏季时会有枯萎的情况发生。喜欢向阳处至半阴处。

- 科名　伞形科
- 类型　一年生草本
- 种植　9月中旬至10月中旬[种]
- 高度　50～70厘米
- 花期　4月中旬至7月中旬

07 玉簪
Hosta plantaginea

颇有人气的观叶植物。喜半阴环境。不耐强光照射，需保持土壤排水良好。

- 科名　天门冬科
- 类型　多年生草本
- 种植　2月中旬至3月、9月中旬至10月[苗]
- 高度　15～150厘米
- 花期　6～9月

08 大阿米芹
Ammi majus

虽然是多年生草本，但不耐暑热，到了夏季会枯萎，所以被视为一年生草本。不喜过湿，因此要控制浇水量。

- 科名　伞形科
- 类型　一年生草本
- 种植　9～11月[种]
- 高度　100～200厘米
- 花期　4～6月

大中型花草

植株高且生长容易的种类，很适合种在想表现出立体感的花坛里。

01 柳穿鱼
Linaria vulgaris subsp. *chinensis*

5月开完花后，将植株剪短，可以再度开花。日照不足，容易出现徒长现象。

- 科名　车前科
- 类型　一年生草本
- 种植　9~10月[种]
- 高度　60~80厘米
- 花期　6~9月

02 穗花婆婆纳
Pseudolysimachion spicatum

耐热性和抗寒性皆强，喜日照充足、排水良好的环境。为了翌年能长新芽，要进行更新修剪。

- 科名　车前科
- 类型　多年或一年生草本
- 种植　4~5月、9月下旬至10月[种]/9月中旬至11月[苗]
- 高度　30~60厘米
- 花期　6~8月

03 松果菊
Echinacea purpurea

少病害，体质强健，耐热性和抗寒性皆强。冬季时地上部分会枯萎，但春季会萌生新芽。要避免密植 。

- 科名　菊科
- 类型　多年生草本
- 种植　3~4月、9~10月[种]
- 高度　80~100厘米
- 花期　5~8月

04 欧耧斗菜
Aquilegia vulgaris

喜通风良好的明亮背阴处。在寒冷地区，冬季时可用稻草覆盖，以防止根部冻伤。

- 科名　毛茛科
- 类型　多年生草本
- 种植　5~6月、9~10月[种]/3月[苗]
- 高度　30~70厘米
- 花期　5~6月

05 绵毛水苏
Stachys byzantina

抗寒性强，但不耐高温多湿，夏季最好置于半阴处。喜欢有点干燥的环境。

- 科名　唇形科
- 类型　多年生草本
- 种植　4月、9月[种]/3月、10月[苗]
- 高度　30~60厘米
- 花期　5~7月

06 罗勒
Ocimum basilicum

喜日照良好的环境。株高20 ~ 30厘米时建议进行摘心，可以促进分枝。

- 科名　唇形科
- 类型　一年生草本
- 种植　4~5月[种]
- 高度　60~90厘米
- 花期　7~11月

07 凹脉鼠尾草
Salvia microphylla

喜日照充足、排水良好的环境。夏季高温时，植株下部的叶子会有干枯现象，最好进行更新修剪。

- 科名　唇形科
- 类型　多年生草本
- 种植　4~5月、9~10月[苗]
- 高度　50~150厘米
- 花期　4~11月

08 花菱草
Eschscholtzia californica

抗寒性强，但是不耐多湿。是多年生草本，但梅雨季时常发生枯萎，所以被作为一年生草本。喜向阳处。

- 科名　罂粟科
- 类型　一年生草本
- 种植　3~4月、9月中旬至10月[种]
- 高度　30~60厘米
- 花期　5~7月

09 费利菊
Felicia amelloides

不喜高温多雨，所以要在日照良好的场所进行管理。梅雨季或盛夏时期，最好移到屋檐下比较好。

- 科名　菊科
- 类型　多年生草本
- 种植　5月、10月[苗]
- 高度　30～45厘米
- 花期　4～6月

10 麦仙翁
Agrostemma githago

喜日照充足、排水良好的环境。只需少许肥料，给水时要对着植株基部浇水。

- 科名　石竹科
- 类型　一年生草本
- 种植　3～4月，9～10月[种]
- 高度　30～100厘米
- 花期　5～7月

11 薰衣草
Lavandula angustifolia

薰衣草属里有很多抗寒性强却耐热性差的品种。在花全部开完前将花序剪掉，会比较容易越夏。

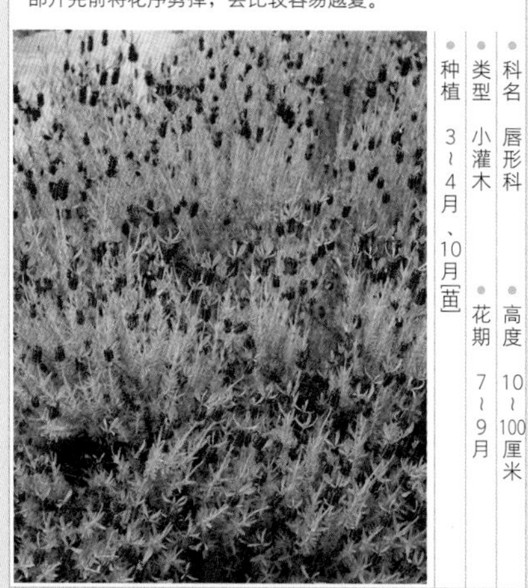

- 科名　唇形科
- 类型　小灌木
- 种植　3～4月、10月[苗]
- 高度　10～100厘米
- 花期　7～9月

12 郁金香
Tulipa gesneriana

喜日照良好的场所。开花后宜尽早剪掉花茎，6～7月若叶子枯死，要将球根挖起。

- 科名　百合科
- 类型　多年生草本
- 种植　10～11月[球根]
- 高度　30～60厘米
- 花期　3～5月

13 金鱼草
Antirrhinum majus

喜日照，不喜过度潮湿的环境。枯萎的花若能尽早摘除，就能让花序的尾端都能开花。

- 科名　车前科
- 类型　多年生草本
- 种植　9～10月[种]/4～5月[苗]
- 高度　15～120厘米
- 花期　3～7月

14 钓钟柳
Penstemon campanulatus

不喜潮湿闷热，所以需保持通风及排水良好。花茎有时会长霉菌，所以要经常进行摘除修剪。

- 科名　车前科
- 类型　多年生或一年生草本
- 种植　3～4月，10～11月[苗]
- 高度　30～80厘米
- 花期　6～7月

15 毛地黄
Digitalis purpurea

喜凉爽的环境，所以夏季时最好种在通风良好的场所。花后要将花序剪除。

- 科名　车前科
- 类型　多年生草本
- 种植　5月[种]/3～4月，9～10月[苗]
- 高度　60～120厘米
- 花期　5～7月

16 万寿菊
Tagetes erecta

是万寿菊属植物中花朵较大的种，能防止月季感染线虫。喜日照。

- 科名　菊科
- 类型　一年生草本
- 种植　3月下旬至5月[种]
- 高度　25～90厘米
- 花期　6～11月

17 林荫鼠尾草
Salvia nemorosa

植株会横向扩展至宽40厘米左右。抗寒性及耐热性皆强。夏季花开完后最好进行修剪。

- 科名　唇形科
- 类型　多年生草本
- 种植　4～5月，9月中旬至10月[苗]
- 高度　30～40厘米
- 花期　5～9月

增添空间视觉美感的
园艺用品

让藤本月季或灌木月季有地方攀爬，营造庭院立体感的装饰物。能插进土里的花架须能稳固站立，不易倾倒。

网格花架

可让枝条进行平面攀附的花架，可以沿着壁面排列，或作为区域的间隔，或与马路之间的围墙。希望枝条横向延伸，可选纵向支柱较多的花架；反之，希望枝条纵向延伸，则可选横向支柱较多的花架。

将平面花架和半圆形花架连接在一起，可以当围栏使用。不连接，单独使用也可以。

半圆形花架，遇到灌木月季，也能提供包裹性支撑。把两个花架相向合并使用，就形成圆筒状支柱。

上部较宽广，呈扇形的花架，用来牵引半藤本月季也比较合适。若要用在盆栽上，请选用稍重的盆器会比较稳固。

锥形花架

可让枝条攀附的圆筒状锥形花架。顺着花架的外形牵引月季，视放置的场所让人从各个方向观赏月季。由于是纵向长条形，所以狭窄空间也适用。

圆筒状锥形花架若要用于盆栽，月季要种于盆器的中心，将枝条牵引至花架的外侧，缠绕攀附其上。照片里的花架有防锈涂层，请依据空间选择合适的尺寸。

拱　门

上部为曲线造型，利用枝条的牵引，可以创造出月季隧道。放在庭院的入口或小径的途中，具有引导路线的作用。

一般的拱门，其底部大多能插进土里。

这是拱门的底部利用盆栽支撑固定，所以除庭院外，也能放在阳台。照片里的拱门有防锈涂层，所以即使长期放在庭院里，也不容易生锈。

若是宽广的庭院，放一张长椅一定很棒。用月季拱门来装饰长椅。

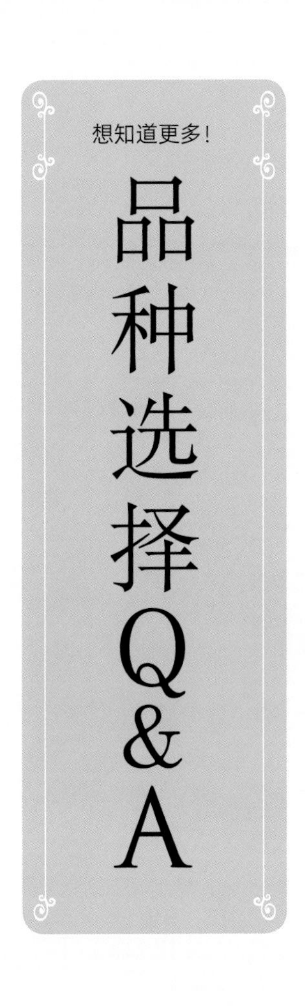

四季开花型和重复开花型月季是一样的吗？

A 月季中，笋芽（新梢）一定会开花的品种被称为四季开花型月季；笋芽不开花，但是在枝条前端或中段不定期开花的品种则被称为重复开花型月季。因病虫害导致叶片掉落后再开花，不属于重复开花型。

四季开花型，若进行花后修剪，之后还会长出花茎并再次开花，具有全年重复开花的特性。但月季在气温下降时会休眠，因此，日本关东地区的月季5～11月开花，寒冬时休眠。

而重复开花型，经过花后修剪则不一定会再开花。5～6月，花后至秋季会不定期开花。除了这两种类型，还有只在春季开花的一季开花型品种。

网购月季的花色和外形跟实物为何有差异？

A 不只是月季，所有植物都会因土壤、气候等环境条件，栽培管理方式，植株的成熟度等因素，而导致花色或外形有所差异。红色的月季，光是一根枝条上，就可能会因变异而开出粉红色或朱红色花。即使是同一品种，开花的样子也不一定跟上架情况一样，若真的在意，可以向店家询问请教。有时会因寄送等人为疏忽而导致送来的月季与订购的不是同一品种，但这种情况比较少见。

Q 想让高1米左右的围栏上爬满盛开的藤本月季，选哪个品种比较合适？

A 藤本月季的延伸力（新梢当年的延伸长度，以及从冬季修剪的位置开始算起，老枝的延伸长度）会因品种不同而有差异。其中有些品种属低矮品种，但延伸力强，若枝条纤细柔软，可利用牵引使其整体高度维持在1米内，如‘永久腮红’‘永恒蓝调’‘超级埃克塞尔萨’等。希望月季能横向攀爬延伸得很长，把庭院四周包围起来如同树型围栏一样，建议可栽培枝条细软能延伸得很长的‘阿贝·芭比尔’。

此外，种植造景月季且四季开花的小型品种也是不错的选择。

‘永恒蓝调’

即使是同一品种，嫁接苗和扦插苗有区别么？

嫁接苗是将月季的芽（接穗）嫁接到别的月季（砧木）上所培育出来的苗（➡P104）。

扦插苗是将月季枝条的一部分插进土里，使其发根而繁殖成苗（➡P100）。日本市面上的苗以嫁接苗居多，但也有扦插苗。嫁接一般用野蔷薇（原生种）作为砧木，借助它的根部发育生长的嫁接苗，能适应当地的气候和环境，初期生长状况会比较好。另一方面，扦插苗靠自己发根后才开始生长，所以初期的生长状况相较于嫁接苗会差一点。但是，若能顺利地发根成活，大多数都能健康生长。

听说藤本月季若横向蜿蜒生长，花会开得很好，但是没有宽广的横向空间怎么办？

以前经常会听到“若不让藤本月季横向生长，开花状况会变差”的说法。但有些品种如‘蓝雨’‘夏日回忆’‘索尼娅娃娃’‘安吉拉’等，利用垂直纵向支撑物攀附延伸，虽没横向生长，但依然会开花。选择藤本月季时必须考虑并配合其攀附生长的场所。遇到狭窄的围栏、向上延伸的支柱、深度不够的拱门等，可以选用上述品种。另外，若要让月季沿着拱门攀爬，可以选择地面附近会开花的品种，这样能让整个拱门都呈现华丽感。

请问适合多雨地区栽培的品种有哪些？

若是多雨地区，要避免选择易感染黑斑病、锈病、灰霉病的品种。可选择‘波莱罗’‘我的花园’等抗病性强的品种。同时，做好地面的排水工作。若属于黏性土或团粒过细的土，可加入完全腐熟的堆肥、腐叶土、泥炭土等基质进行土壤改良。地下水水位高、排水差的庭院，可采用垫高地势的方式来补救（➡P88）。

‘波莱罗’

‘我的花园’

更多有关月季的知识！

与月季相关的各项竞赛

有看过“进入荣誉殿堂”这样的标签吗？这象征着这个月季品种广受世人喜爱，因对月季的发展有卓越贡献而受到表扬，由世界月季联合会（WFRS）在每三年举办一次的世界月季洲际大会上投票选出。

月季每年都有很多新品种诞生，这些新品种会参加各国举办的各式各样的竞赛，优秀者会被选出并获得奖项。其中世界月季联合会所认定的竞赛具有权威性。

这类竞赛的共同点是不只评判花是否美丽，还会进行为期2～3年的试种，将其习性、特征等属性作为评审的依据，从中选出优秀的品种。

此外，英国皇家月季协会（RNRS）所举办的竞赛，除了以3年的栽培成绩作为评审的依据，在选拔时也很重视在庭院中所表现出的美感。其他的竞赛都有不同侧重的评审项目。了解不同竞赛的特征，可作为选择月季品种的参考依据。

在日本举办的竞赛有由日本月季协会所举办的日本国际月季新品种竞赛（JRC）、在岐阜县可儿市的花节纪念公园举办的岐阜国际月季竞赛（GIFU）、在新泻县长冈市的国营越后丘陵公园举办的国际芳香新品种月季大赛（ECHIGO）等。

‘梅朗爸爸’
1998年获选进入荣誉殿堂

‘快拳’
2010年荣获ROME金牌奖

在日本月季协会举办的竞赛上展出的月季，会在神代植物园里试种，让来园参观的民众也能欣赏月季花。若想知道有哪些月季新品种问世，不妨造访一下竞赛会场，应该颇有乐趣。

世界主要的月季竞赛

全美月季品种选拔大赛
简称 AARS **举办地点** 美国
在美国国内的官方月季试验场所进行2年栽培试验，以生长力、抗病性、株型等作为评分项目。近年特别重视抗病性。

德国国际月季竞赛
简称 ADR **举办地点** 德国
在德国12个地方进行3年栽培试验，选拔出优秀的月季。特别重视抗病性、抗寒性。

德国巴登巴登国际月季大赛
简称 BADEN **举办地点** 巴登巴登（德国）
展出的月季数量是世界第二。在巴登巴登月季花园里的Beutig新品种试验月季园进行栽培实验。

法国巴盖特尔国际月季竞赛
简称 BAGATELLE **举办地点** 巴黎（法国）
1907年创立的世界第一个国际新品种竞赛，是最具权威的月季竞赛之一。报名参选的品种非常优秀。在巴黎郊外的巴盖特尔公园经历2年的试验和审查。

日内瓦国际新品种月季大赛
简称 GENEVE **举办地点** 日内瓦（瑞士）
展出的月季数量位居世界第三。在格兰茨公园进行2年试种，作为评审依据。2009年后评审项目增加有机栽培、抗病性。

海牙国际大赛
简称 HARGR **举办地点** 海牙（荷兰）
在荷兰海牙的维斯布鲁克公园进行试种。市民也能就展出的月季投票，选出自己喜欢的月季。

罗马国际月季竞赛
简称 ROME **举办地点** 罗马（意大利）
在罗马市立月季园进行1年试种和评审。审查员除了月季专家，还有建筑专家、造景专家、艺术家等约100人，还有由儿童担任审查员的“儿童评审部”。

英国皇家月季协会
简称 RNRS **举办地点** 伦敦（英国）
1876年创立的英国皇家月季协会所举办的竞赛。在伦敦的官方试验场接受3年的评审。除了生长势、习性、外形等，还会依据种在庭院或公园时所呈现的美感作为评分标准。

Lesson 3

月季的种植和繁殖方法

月季的生长周期

从幼苗至成株

虽然会因品种或环境产生差异，但一般而言，月季新苗、大苗种植后，要长至成株需3～4年。让我们一起来了解从新苗到成株的生长过程吧！

月季在幼苗期和成株期的管理方法不同。在幼苗期重点不在于花是否开得漂亮，而应以培育出强健植株为首要目标。尤其是新苗，在进行嫁接后，生长时间还很短，根部和枝条都尚未成熟，还处于幼小的状态。虽然可以开花，但开花会抢夺生长所需要的养分，反而妨碍了整个植株的生长。因此，新苗种植后，从春季至9月中旬，要进行花蕾或新芽的摘除作业（➡P114、P120），以限制开花的数量，调整开花的状况。

修剪方法（➡P126）也要视植株生长时间而改变。所以要先了解幼苗到成株的生长周期，才能用正确的方法照顾植株。

新苗的生长过程

4月下旬 新苗的换盆

⬇ P76

新苗大多种在塑料盆里销售。购买后，建议尽早进行移植。

◀将新苗（左）移到5号盆里（右）。该品种是「婚礼钟声」。

5～9月 花蕾和新芽的摘除

⬇ P114　⬇ P120

新苗换盆后要持续用手指摘除花蕾和新芽（轻摘心），以保证其不开花，从而促进叶片生长，增强光合作用。

▲看见花蕾就摘除

▶换盆约2个月后的新苗。摘除新芽后，从植株下部长出新枝，并向上生长延伸。

5~10月 追肥

P80

盆栽月季在空间受限的环境里生长，因此每个月要追肥一次（8月要暂停施肥）。

▲固体肥料的投放位置最好不要固定在一个地方，应每月更换一次。

7月 夏季的换盆

P81

夏季换盆时为了避免根部腐烂，要减少盆土里有机物的含量。

▲新苗移植后的3个月，从5号盆移到7号盆。

8月 秋季的修剪

P126

换过盆的新苗可能移植至庭院或继续盆栽，其修剪的高度是有差异的，要特别注意哦！

◆庭院栽培植株的修剪

▲要移植至庭院里的植株，在修剪枝条时，下刀要在稍微高一点的位置，大概在高100厘米的地方。

◆盆栽植株的修剪

▲盆栽植株，为了保持株型的小巧，要在高约60厘米的地方下刀。进入花期时，花茎会伸长，植株会长到约100厘米高。

9月 移植至庭院里

P90

植株夏季修剪后，可在9月时移植至庭院里。在这个时候种下去，植株才能顺利生根成活，翌年春天就能快速生长。

▼庭院栽培最适合的时间是9月中旬。用稻草等材料覆盖植株基部，可抑制地温的上升、防止杂草生长和预防干旱。

1月 冬季的修剪

P132

在进行冬季修剪的时候，月季还处于幼苗期，所以下刀处要在高一点的位置，以促进其生长。盆栽植株通常希望维持株型的低矮小巧，所以要比庭院栽培的植株剪得更矮。

◀庭院栽培和盆栽的修剪方式是有差异的。庭院栽培要将植株剪短至2/3的高度，盆栽则是剪至1/3的高度。庭院栽培的植株，通常会让它长较多的叶子，所以要留多一点细枝。

2月 施肥方式

在日本，种在庭院的植株，一年只需施一次冬肥。堆肥或有机肥会在土里慢慢分解，到了春天，刚好能为开始生长的月季提供养分。盆栽的追肥是从3月开始，跟第一年一样，定期施用。

▶在植株基部附近挖2个施肥穴，把肥料放进去，与土壤充分混合。

3月 芽的活动开始

秋天时在庭院里种下的苗，在冬天来临前生根成活。到了春天，根部会开始伸展，植株会长出新芽，此时可以开始进行第一次修剪。

▶开始长新芽，表示根部开始顺利地生长。

5月 种植第二年的植株

新苗种下后迈入第二年的植株。花茎顺利地生长，并结出花苞。第二至三年，须限制开花的数量，所以要进行摘蕾，以便有充分的养分供植株生长。笋芽也要尽早摘除，让枝条能发育结实。

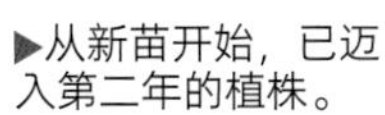

▶从新苗开始，已迈入第二年的植株。

成株的管理

长成成株后，平常就要进行笋芽的摘心，摘除腋芽、花后修剪等工作，以保持植株的最佳状态（➡Lesson4）。

不论是盆栽还是庭院栽培，修剪后都需施肥，平时定期追肥，这是让植株结实健壮的关键。

另外，盆栽的成株，冬季修剪要和换土一起进行。虽然不需要每年都换土，但建议2～3年换1次。用新土代替旧土，能提高土壤里的空气含量，使植株更有活力。

▶长出新的笋芽。反复进行摘心，以促进枝条结实。

Lesson 3

盆栽 1

选择合适的基质和盆器

享受盆栽的乐趣

种植盆栽月季时，栽培基质和盆器是否合适，会影响月季的生长。所以要了解栽培基质和盆器的种类，并依据生长环境来选择。

盆栽基质配比范例

市面上销售盆栽用的“月季专用土”有很多种，大部分都是用肥料和腐叶土等混合而成，但实际上，这类基质里的养分含量过多，比较适合栽培健康植株，并不适合新苗、国外进口苗以及根系状态不好的苗。栽培新苗若想选用市售培养土，小粒赤玉土的比例要增加20%～30%。

栽培基质必须依据用途，例如促进生长旺盛、促进开花、适合幼苗和新苗等，去改变比例和配方，这是选择基质的基本理念。了解各种基质的特性（➡P22）以及不同植株的状态，配合季节自己调配出合适的基质，效果会比用市售培养土好。

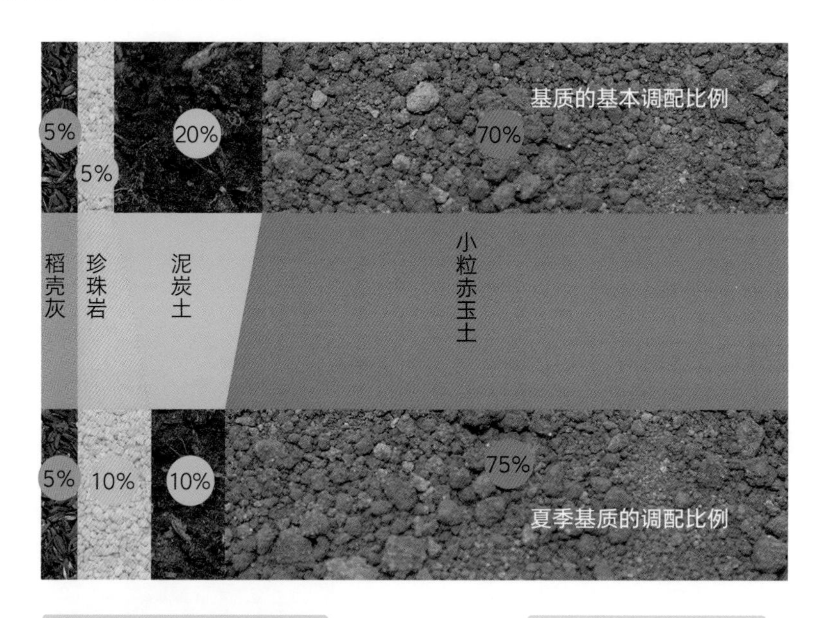

基质的基本调配

为了提升盆栽月季的排水性，可减少基质中的泥炭土，增加珍珠岩。若是健康的苗，可用5%堆肥＋5%珍珠岩＋10%小粒赤玉土取代20%泥炭土。

夏季基质的调配

夏季闷热潮湿，必须改善排水性。堆肥容易腐烂，所以不要加进去。

Point

泥炭土的使用方式

市售泥炭土的纤维很细，排水性强，若在干燥的状态下直接使用，浇水时可能会发生水分流失。所以，用前要先泡水一天，让土壤吸收水分。

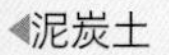

◀泥炭土

‘杏色漂流’▲

盆器的选择

盆器造型丰富多样，但对月季来说，建议选择不容易倾倒的圆筒形和圆台形的中深盆。盆器的材质也分很多种，如素烧盆，盆壁易吸水，透气性佳，但基质容易变干，对于不耐旱的月季来说要特别注意。另外，若可能移动月季，建议不要选太重的盆器。

黑色的盆器容易吸热，有助于春季月季的生长，但若在夏天使用，盆内的温度会上升，对月季来说生长环境会变严酷。夏天盆器的遮光、移至背阴处等栽培管理工作也是很重要的。

根据环境状况、盆器的特性和月季的状态来调整基质配比。选用保水性好的盆器时，要减少基质中赤玉土和泥炭土的含量；若盆器排水性好，反而要增加这两种基质的含量。考虑放置场所、浇水次数等因素，尝试各种盆器吧！

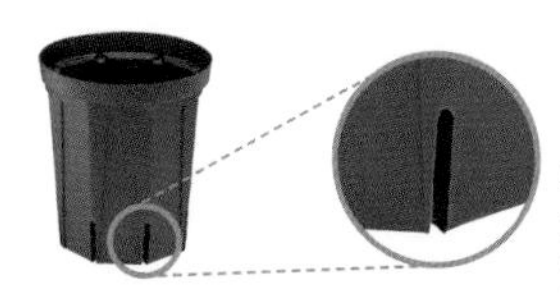

盆体有纵向缝隙的盆器，水分容易流失，浇水时要特别注意。

盆器的尺寸和号数

在日本，会用“号数”去表示盆器的尺寸，例如“5号盆”。这是代表盆口的直径，1号盆的直径约是3厘米（1寸），依此类推，5号盆约是15厘米。过去的长度单位是“寸”“尺”，所以“5号盆”也有人称为“5寸盆”；10号盆则被称为“尺盆”。遇到进口盆器，会用厘米来表示。

种类	直径（厘米）	土量（升）
3号盆	9	0.3
4号盆	12	0.6
5号盆	15	1.3
6号盆	18	2.2
7号盆	21	3.5
8号盆	24	5.1
9号盆	27	7.3
10号盆	30	8.4

注：土量一般以素烧盆的放入量为基准，可能会因盆器的形状或深度产生差异。

推荐

素烧盆

很多进口盆器的底孔都很小，遇到这种情况，可以自己开洞。

陶盆

保水性比较好，所以浇水时要注意不要过量。

轻质耐用盆

材质是玻璃纤维，重量非常轻，适合移动搬运。

合成树脂盆

图片里的这个盆器是聚丙烯（简称PP）材质。颜色和造型多样丰富，让挑选盆器也变成一种乐趣。

塑料盆

圆台形或圆筒形等不容易倾倒的纵长型盆器比较适用于月季栽培。放置阳台时，最好要选不容易破裂的材质。

盆栽②

新苗的换盆 在春天进行

新苗的换盆要在日本当地吉野樱盛花后进行。不要让月季苗的根部变得过度干燥，建议事先混合好基质。此外，泥炭土含量过多的话，容易造成根部腐烂，因此所占比例不要超过20%。月季还在生长期，因此保持苗的根团完整不受破坏是很重要的。换盆后，要置于日照良好的地方，见盆土表面变干时大量浇水，上午浇比较合适。白天要保持水分，直到第二天才变干是最理想的状态。视盆土干燥状况，也可以早晨和中午各浇一次水。无法早晨和中午都浇水的，最好更换成保水性佳或较大的盆器，或采取其他保水措施。

新苗换盆的重点之一是不破坏其根团。另一个重点是要趁根部尚未变干前尽快完成换盆。最好先确认好换盆的步骤再开始操作。

应准备的材料

用软盆培育的新苗
（以'婚礼钟声'Ⓐ为例）

换盆用6号盆Ⓑ

换盆基质

- 小粒赤玉土/70%
- 泥炭土/20%
- 珍珠岩/5%
- 稻壳灰/5%

MEMO　事先混合好。若幼苗健康有活力，可用5%堆肥＋5%珍珠岩＋10%小粒赤玉土替代20%泥炭土。

用于盆器底部的大粒赤玉土

1 确认底土的高度

将大粒赤玉土放入盆底，把盆苗放上去，确认底土的高度。原则上，盆苗底土（基质）的高度应比盆器内沿线低2～3厘米。拿苗时务必要拿嫁接处以下的位置。

2 将苗从软盆里取出

若根团被破坏的话，会伤害到根部，所以在取出苗时，请不要让根团散开。

Point

将苗茎轻夹在指间，同时把整个软盆上下翻转，把软盆向上拉，让苗脱离软盆。

3 把苗置于盆中，填入基质

将苗放置于盆器中央，将预先调配好的基质填入盆器，填至距离盆口2 ~ 3厘米高的位置为止。

4 浇大量的水

慢慢地浇入大量的水，让泥炭土吸收水分，浇至盆底有水流出为止。反复浇水数次，直至流出的水没有浑浊感为止。

Point

嫁接点务必要高于基质表面。不要轻蹾盆器或左右摇动盆器。

完成

换盆完成后，放置在日照良好的场所，等盆土表面干燥后，再大量浇水。浇水时尽量避免浇到叶子。

铃木 栽培秘笈

一开始就用太大的盆器会让月季变得“娇生惯养”

栽培月季若是用软盆里的新苗，一开始要先换到5 ~ 6号盆。之后每次换盆时，最好选择比原盆大2号的盆。

苗从较小的空间移植到大盆后，根部若无法将水分完全吸收，盆土会经常处于过湿状态，进而造成根部不需为了获取水分而伸长。月季会因不需努力便能获得水分而变得“娇生惯养”。

此外，若根部不延展生长，植株就无法正常长大，因此要视植株的状态，在生长过程中选择适当尺寸的盆器。

Point 换盆 · 幼苗移植的浇水诀窍

把苗移植到新盆后，要浇大量的水。要浇至从盆底部流出的水变得不浑浊为止，这代表细碎的土已流干净。若浇得不彻底，盆底沉积了细碎的土，会造成排水变差或其他问题。这是月季在换盆或幼苗移植时的通用浇水技巧。

Lesson 3

盆栽③

在秋天进行大苗的种植

在日本，大苗是在9月下旬至翌年3月上市。在照顾大苗时，注意不要让根部干燥。若是裸根苗，要做好栽培前的准备工作，尽快完成种植。

大苗从初秋至冬季上市销售。若种的是抗寒品种，建议在9月下旬至10月中旬种植，若遇到暖冬，最晚可到11月中旬前。

秋天种下去的大苗，在冬天来临前，根部会延展生长，地上部也会萌发新芽。很重要的一点是，萌发的芽或伸长的枝条到冬季修剪前都不要剪掉，叶子也放任其自由生长。然而，若结了花苞，就需要进行摘蕾。

若盆器太小，盆土会容易干燥，建议用8号盆。若盆栽苗还未萌芽，要将根团弄散后再种植；若已经长出芽，代表新根正在延伸生长，应与处理新苗一样，在种植时不要破坏根团。

应准备的材料

大苗（以‘荷勒太太’为例）

种植用6号盆

MEMO　将大粒赤玉土铺放盆底，用量大约以能盖住盆底为度。

种植基质

- 小粒赤玉土/75%
- 泥炭土/15%
- 堆肥/5%
- 稻壳灰/5%

MEMO　泥炭土要预先弄湿，然后将基质充分混合均匀。若没有泥炭土，用椰糠之类的基质也可以。

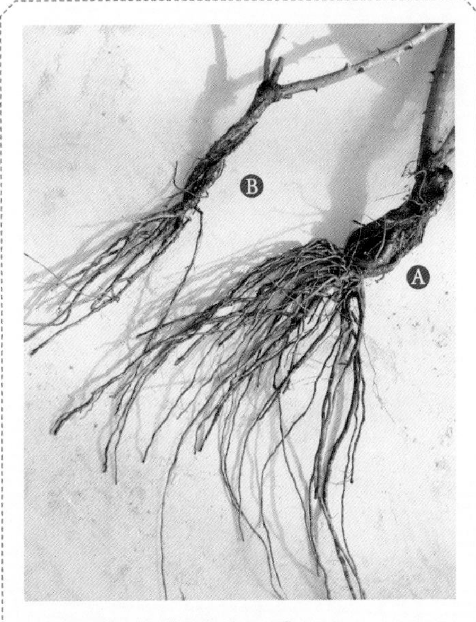

A为根部状态良好的苗；B为挖掘时根被切断，状态不佳的苗。

根部状态不佳时的种植要点

裸根大苗可看得见根部，请依据根部状态来调配基质。若没有赤玉土，可用鹿沼土等手边现有的基质，原则上要用干净的基质。若根部状态不佳，不要放堆肥或腐叶土，因为里面含有杂菌，可能会妨碍根部的生长。可用稻壳灰和珍珠岩以提升基质的排水性。

- **根部状态不佳时的建议基质**：
  小粒赤玉土75%＋泥炭土5%＋稻壳灰10%
  珍珠岩10%＋沸石少许

1 填入部分基质，再把苗种入

向铺有大粒赤玉土的盆中，填入混合好的基质，堆成小山丘般，把苗的根部展开，盖在小山丘上面，苗要置于盆器中央。

2 填入剩余基质

不要把根提起来，将苗稳稳拿住，一点一点地把基质填入盆内。

3 把根的空隙填满

向基质内插入竹竿，轻轻晃动竹竿，以便基质填满空隙，让根部和基质紧密结合。

Point

根部附近特别容易有空隙，要插入竹竿让基质填满空隙，但请小心不要伤到根。

4 修剪

修剪枝条时，下刀的位置在植株基部向上20 ~ 25厘米，于芽上方约5毫米处。若剪得太短，枝条的养分变少，会无法萌发健康的芽。

Point

下刀的位置在芽上方约5毫米处。

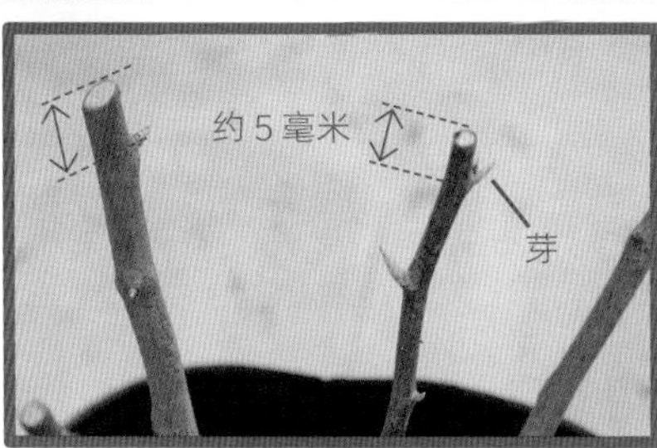

5 大量浇水

浇水时要浇至水自盆底流出（➡P77），天气好的时候，为避免干燥，可从枝条上方浇水。气温较低的时候，浇水要避开枝条。

1 个月后

2月下旬完成幼苗移植后，经过1个月，在3月下旬时植株的模样。左边是状态良好的苗，不断地萌发新芽。

2 个月后

5月上旬植株的模样。状态良好的苗会长至80 ~ 90厘米（左）。状态不佳的苗，枝条也会伸长，也会长出很多叶子（右）。

换盆后的管理

养出健康的盆栽

盆栽除了土量受限之外，还可能会因浇水而流失部分养分，所以需要定期追肥。另外，还要配合生长状况，进行换盆或换土，这些都是为了让植株健康生长的重要栽培管理工作。

追　肥　　换盆后的管理❶

每个月施一次固态油粕作为追肥。在日本关东地区，从3月开始追肥，若是寒冷地带则要在新芽萌发后开始追肥，直到10月左右。盛夏8月要暂停施肥。通常新苗移植1个月后，或大苗移植后萌发的新芽长到1厘米以上，才开始追肥。

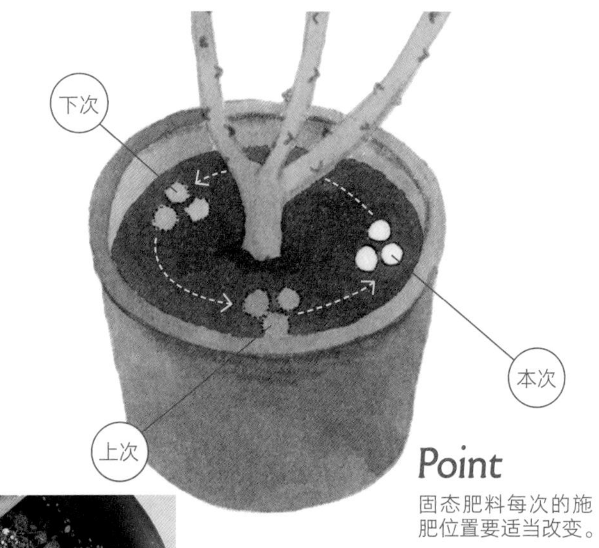

Point

固态肥料每次的施肥位置要适当改变。

追肥重点 1

在靠边缘的盆土上施肥，每次施肥的位置要适当改变。也可观察枝条的状态，在生长势弱的枝条附近施肥。固态油粕在用前要先用水弄湿。

追肥重点 2

可用竹子自制放置肥料的容器，再将用水搅拌过的油粕置于其中，可避免肥料一下子溶解。

追肥重点 3

选用直径2.5厘米的油粕，一般5 ~ 6号盆每次的追肥量是2个，7 ~ 8号盆是3个，10号盆是5个。

换　盆　　换盆后的管理❷

建议每次换盆时要选用比原盆大2号的盆器。

大苗的换盆

1 植株长大后要进行换盆

植株长大时，要进行换盆。如从6号盆换到8号盆，在新的盆器底部放入大粒赤玉土后，再将换盆用的基质填入。从旧盆拔出的苗，要在维持根团不受破坏的状态下放入新盆。

2 大量浇水

移植好后，避开叶子大量浇水（➡P77）。浇完水后，将盆栽置于日照充足的场所进行管理。

▶「小特里亚农宫」

新苗的换盆

1 调配夏季用土，进行换盆

4月换盆的新苗，到了7月下旬可从6号盆移植至8号的软盆。为方便植株长大后再次换土，因此用简易盆器也没关系。嫁接口的胶带可以保留。夏天容易发生根腐病等病害，所以相较于春天的基质，需要减少基质有机物的含量，且8月要暂停追肥。

2 在日照充足的场所进行管理

要拔苗时，一手抓住苗，一只手轻轻敲打盆边，比较容易拔出来。请注意不要让根团散开。移植后，要大量浇水，但要避免淋到叶子。浇完水后将盆栽置于日照良好的场所进行管理。梅雨季时要放在明亮的场所。梅雨季结束后，要避免西晒，最好放在早晨能照到阳光的地方。

◀「婚礼钟声」

成株的换土

成株若已经种在8号以上的大盆时，就不需要每年换盆。一般而言，经过2～3年，泥炭土或追肥中的有机物已分解，且根过于茂密无处生长，排水性也会变差，因此需要更换新土。换土的适合时间是2～3月，可以同修剪一起进行。把一半左右的旧土取出，用新土替代。把土全换掉的话，会增加植株枯死的风险。扦插苗和嫁接苗，其基质配比是不一样的。

1 将植株拔出

将植株连同盆土整个拔出来。稍微倾斜盆器，敲打边缘，会比较容易将植株拔出。

2 把旧盆土弄散

用根耙之类的工具，纵向将旧盆土弄散。变黑的老根即使切断也没关系。

应准备的材料

要进行换土的盆栽
（以‘家居庭院’为例）

嫁接苗基质
- 小粒赤玉土/80%
- 泥炭土/5%
- 珍珠岩/10%
- 稻壳灰/5%

扦插苗基质
- 小粒赤玉土/75%
- 泥炭土/15%
- 珍珠岩/10%
- 稻壳灰/5%

MEMO 全部基质要先混合均匀。

根耙

MEMO
把板结的盆土弄松散的工具。用撬棒也可以。

3 留下一半的根团

将旧土、老根去除，留下一半左右的根团。

4 铺入大粒赤玉土并放入植株

在盆底铺上大粒赤玉土后，放入少量基质堆成小山丘状，并把植株摆放在小山丘的上面。

5 放入新的基质

把混合好的基质全部填入盆内，插入竹竿，让基质流动填补根与根之间的空隙。

7 浇水

大量浇水。珍珠岩很轻，容易被水冲往一个方向，所以在浇水时要避免让珍珠岩分布不均匀。

6 填好全部的盆土

盆土填好的状态。

成长的样貌（春天）

5月上旬会伸出很多花枝，让人期待花朵绽放的盛况。因换过盆，盆土疏松，使根变得健康而有活力，枝条、叶子和花的生长势也跟着变强。

浇　水　换盆后的管理❹

盆栽植株全年都要浇水，看到盆土干后即浇水，由冬入春之际，要在晴天气温渐渐升高的上午10 ~ 12时浇水，要浇至水从盆底流出。夏季时，可观察盆土干燥的状况，在早晨和傍晚各浇1次水，浇水时要避开叶子。

盆栽月季成活后的管理作业表

时间	作业	页码
2月	冬季修剪	➜P132
3月	摘除腋芽	➜P118
3 ~ 11月	病虫害防治	➜P171
5 ~ 9月	笋芽的摘心	➜P114
5 ~ 8月	花后修剪	➜P122
9月上旬	秋季修剪	➜P126
12月下旬至翌年1月中旬	藤本月季的修剪和牵引	➜P152

盆栽⑤

阳台盆栽

依据环境选择品种

想在阳台享受种植月季的乐趣，就要选择适合阳台栽培的品种。朝东的阳台阳光充足，朝南的阳台冬天温暖，开放式阳台日照良好，有水泥墙的阳台通风较差。各式各样的阳台，环境条件大不相同。

适合阳台栽培的品种

月季一直被认为是容易感染病害且栽培难度大的植物之一。但是，现在已有很多在阳台也能栽培的品种。

例如，属丰花月季系统的‘吸引力’，耐热性和耐旱性皆强，即使将近10年不换盆也能生长良好；古代月季‘月月粉’等能耐阴，能维持小巧株型，也很适合种在阳台；‘第一印象’等花枝少刺的品种在狭小的空间里也很容易照料。在阳台栽培月季，大多不方便喷洒药剂，因此建议选择具有抗病性的品种。

Point

阳台栽培月季的注意事项

阳台栽培月季要选用重量轻、不易破裂且保水性好的盆器。要避免吊盆或浇水滴落到楼下或马路上。虽然建议选用无刺品种，但栽培有刺品种也没关系。

阳台栽培月季建议选择不用喷洒药剂的抗病品种、不用移植也能长期良好生长的品种、在狭小空间也容易管理的株型小巧品种。

〈杂交茶香月季系统〉

‘婚礼钟声’ ➡P44

‘我的花园’ ➡P46

〈丰花月季系统〉

‘乌拉拉’ ➡P55

‘齐格飞’ ➡P45

‘小特里亚农宫’ ➡P53

‘芳香蜜杏’ ➡P49

‘波莱罗’ ➡P43

‘尤里卡’ ➡P49

〈灌木月季系统〉

‘家居庭院’ ➡P48

‘粉色漂流’ ➡P54

〈古代月季系统〉

‘莫梅森的纪念品’ ➡P51

‘希灵登夫人’

〈微型月季系统〉

‘第一印象’ ➡P59

〈藤本月季〉

‘天使之心’

▲‘重瓣吸引力’

阳台栽培月季的诀窍

有水泥围墙的阳台，大都夏天热、冬天冷，而且容易干燥，对月季来说是比较不利的环境。阳台栽培月季要进行防寒、防热、防风，营造出适合月季生长的环境条件。

防热对策

❶ 用白色或乳白色等能反射阳光的盆器。
❷ 盆器下面用空心砖或红砖等垫高防热，可在砖上面浇水以降温。
❸ 盛夏的午后，最好放在有遮阳网、防寒纱等可遮光的场所。

防寒对策

❶ 换成容易吸热的黑色或暖色系盆器。
❷ 如图所示，直接将原来的盆栽，放入较大的黑色盆器里。

防风对策

❶ 若预料会有台风等强风出现，可用绳子绑住枝条，将其固定好。
❷ 移到避风的场所。
❸ 避免栽培‘戴高乐’等容易因风吹而枯萎的品种。

铃木栽培秘笈

盆栽月季因缺水而枯萎怎么办

因忘记浇水或浇水不够，造成盆土变干，进而导致植株凋萎，时有所见。遇到这种情况，首先要先浇大量的水，叶片也要浇到使之湿润。浇完水，把盆栽移到没有风吹的背阴处，等植株恢复元气后，再移回原来的地方。若刚好没有合适的背阴处，可将盆栽用纸箱盖起来，既防风又可抑制叶片的水分蒸发，有助于植株复原。

若植株元气大伤，可适当修剪，保留一半株高，然后浇大量的水，之后减少浇水量并观察植株的恢复状况。

盆土的回收使用

换盆或换土时不要的旧盆土，可回收用于栽培月季以外的草本植物。旧盆土排水性变差，所以要追加泥炭土和赤玉土。有发生过病害的盆土要先经过热处理后再用。热处理方法如下：

❶ 倒入热水，用塑料布盖起来。
❷ 若正值夏季，把盆土装入黑色塑料袋里，于阳光下暴晒1周。

想知道更多！

盆栽Q&A

若想种植盆栽月季，应选择什么样的品种？

A 若想种植盆栽月季，最好选择不换盆也能长久持续开花的品种。建议栽培‘吸引力’‘波莱罗’‘瑞伯特尔’‘活力’等品种。

月季里面有不萌生新梢，枝条几乎不更新或很少更新的品种，其枝条寿命大多比较长，笋芽会随着生长变得肥大。这类品种生长速度慢，所以不需要每年换盆，甚至有近10年都没换土，依旧健壮地生长。相反地，容易更新枝条的月季，就需要经常进行笋芽摘除或枯枝修剪。因此，对那些没有太多时间照顾月季的人，若想种植盆栽月季，最好选择枝条几乎不更新的品种。

「淡粉红吸引力」

「粉红重瓣吸引力」

「波莱罗」

「瑞伯特尔」

给盆栽月季浇水，早晨和晚上哪个时间比较合适？

A 浇水时间会因季节而有所差异。冬季适合在温暖的上午浇水，夏季适合在凉爽的早晨和傍晚浇水，春秋季适合在温暖的白天浇水。月季若遇到急剧的温度或湿度变化，再加上植株状态不佳，有可能会发生病害。但有时与温度或湿度变化无关，而是因随兴而为的浇水方式，营造了有利病害发生的条件。尤其是温差变化大的初春或入秋，对月季而言是最可怕的时候，更要特别注意。早晨在浇水前，要先看天气预报，若有降雨或降温时，要控制给水量，照顾上要多留心注意。

何种材质的盆器适合放在阳台？

A 重量轻又坚固的塑料盆是合适的选择。圆桶型盆器站立平稳，可考虑使用。素烧盆因盆土容易干，最好能勤浇水，经常不在家或工作忙碌的人请避免选用。最好选择傍晚回家或翌日浇水时，盆土都还没干的盆器。

盆土干燥的状况会因放置场所或基质特性而有所差异，应根据保水性和干燥状况而增减赤玉土或泥炭土的分量。多方试验，以找出适合自己管理方式的盆器尺寸和材质。

盛夏时盆栽月季会落叶是什么原因?

A 可能选种了不耐热的品种，也可能是由黑斑病或叶螨造成的。是否为不耐热的品种，于日本关东地区，在进入7月时，马上就能判别。如果该品种不耐热，会因暑热而停止生长，明明没有病斑，却从下开始掉叶，此时可将其移至凉爽的场所，或改种耐热品种。

若感染了黑斑病，在气温达到20～25℃时，病原孢子会四处飞散，致使感染范围扩大。掉在地上的叶片残存病原，若随着雨滴飞溅，感染会急速扩大。建议平常要做好防治（➡P177）。一看到叶螨就马上用手捏死，加以消灭（➡P182）。防治病虫害的最好方法就是尽可能不让盆栽月季淋雨。

买了正在开花的盆栽月季可以不换盆吗?

A 盛开的盆栽月季赏心悦目，但遗憾的是，很快就不再开花了。原因可能是浇水、施肥过度，或感染病虫害，或只施化肥导致植株缺乏生长所需的必要微量元素等，让月季长势衰弱。

另外，市面上销售的苗木通常用6号盆栽培，导致根部盘结无处伸展。即使是微型月季，若长得比较大，也应用8号盆。因此购苗后，应及时给月季换大一点的盆。若正值生长盛期，在换盆时请不要破坏根团，整株直接移植到新盆里。若正值休眠期，可将20%盆土换成透气性较好的新土。追肥时也要选用有机肥（➡P80）。

有时也会遇到不适合盆栽的品种，在购买前务必先确认清楚。

盆栽大苗在换盆时应注意哪些事项?

A 大苗若是杂交茶香月季或丰花月季，一开始可用8号盆；微型月季可用6号盆。盆器太大的话，水分管理会变得困难。

若月季处于生长期，换盆时不要破坏根团；若在休眠期或刚开始长芽的初春换盆，把一半左右的基质换掉也没关系。若在1～2月的严冬期换盆，移植后请参照图片，将整个盆栽用无纺布之类的材料包起来防寒。无纺布不仅能保温，还能起到保持适当湿度的作用。有湿气的存在，盆器内就有冻结的可能性，但只要做好覆盖就会慢慢地解冻，因此不会影响月季生长。

用无纺布把整个盆栽包起来，或用上下开口的纸箱代替无纺布。

庭院栽培①

庭院栽培月季的环境

三大要素

要在庭院栽培月季，必须选择日照、通风和排水良好的场所。为了让月季能开得漂亮，请先改善栽培场所的环境条件。

月季若在日照和通风不良的环境下栽培，很容易感染病害。目前，抗黑斑病和白粉病等病害的品种虽然变多，但抑制病虫害的发生，仍是让月季繁花似锦的关键所在。

地下水位高、土壤颗粒过细（单粒构造）、黏质土壤是造成庭院排水不佳的因素。不只是月季，很多植物都比较喜欢有机物含量高、团粒构造好的壤土。因此，必须视情况进行土壤改良。

跟月季一起种在庭院里的植物也会影响月季的生长，应避免栽培喜肥植物，以及容易感染与月季相同病虫害的植物。

日照、通风

●选择日照良好的场所栽培

尽量选择有半天日照，最低限度是上午晒得到太阳的场所。

●不宜密植

是枝条容易横向延伸的品种，还是直立向上延伸的品种？要先了解品种的特性，在种植时才能合理安排间距。若在狭小场所种植过密，月季会难以伸展生长，栽培管理困难。

排水

●地下水位高的庭院，通过垫高地势补救

遇到地下水位高的庭院，可用砖头或石头砌成花坛，中间填入土壤，再种入月季。这样可将地势垫高，从地面起算，垫高20～30厘米即可。

Point

遇到无法改善的庭院环境

若遇到无法改善的庭院环境时，要选择能弥补庭院不足的品种。对于栽培新手而言，最好选择能抗白粉病或黑斑病等病害的品种（➡P42）。

容易被建筑物遮挡成背阴处的地方，建议选择‘夏日回忆’‘龙沙宝石’等耐阴品种（➡P46）。冬天比较寒冷的地方，最好选择抗寒性强的品种（➡P50）。朝南的场所夏天会很热，所以要选耐热性强的品种（➡P48）。

●避免照不到阳光

为了避免月季照不到阳光，月季的周围不要种太高的植物。月季的脚下若要种草花，请不要覆盖月季的根部。同时要选择不会长太高的草花。

●把细粒土改良成团粒构造的土

土的颗粒过细，排水性会变差。遇到这样的情况，可加入腐熟的有机肥、腐叶土、泥炭土等改良土壤，使其形成团粒构造（➡P22）。

铃木栽培秘笈

苗的状态也要注意

即使改良好庭院的栽培环境，若苗的状态不佳，生长也不会好，尤其是干旱对裸根苗来说是大敌。有的人会浸洗裸根，但是根部用水浸洗反而容易造成干枯。也有人会把裸根苗在水中浸泡一个晚上，这样做会让水进入枝条，种植后，组织里的水在冬季会冻结、干旱反复循环，最后就跟冻萝卜一样枯死。

进口苗因植物检疫的关系，会把土全部弄掉才能进口，所以特别容易干枯，甚至常发生受伤的情况。遇到这样的苗，可以试试将根部浸入黏土浆，让黏土浆包裹根部形成保护层。对于须根少的进口苗特别有效，也能起到治疗受伤根部的效果。

❶ 加水让黏土溶解形成黏稠状。

❷ 把苗根浸入溶解的黏土里，浸至嫁接口下方的位置，浸泡时间约1分钟。

❸ 浸至根部包裹一层黏土的程度，然后直接拿去种植。

庭院栽培②

庭院移植

春季换盆的新苗

植株要移植至庭院，建议在9月下旬进行。月季在盛夏时会停止生长，待9月下旬气温下降，才会恢复生长。因此，若能在这个时期就完成种植，让根部有机会在冬季休眠期来临之前能延展生长，这样到了春季月季就可正常健壮生长。

种植后若土壤干燥就要浇水，而且不要摘心。约1个月后月季会结花苞，此时不要摘蕾，要让花苞开放。

即将开花的枝条，树皮会变硬，耐寒性提高。虽然可以就这样越冬，但是在有降雪的地区，最好做一些防寒措施（➡P93）。2月底前若能进行修剪（➡P132），有助于春天长出结实健壮的枝条。

这里将要介绍，在春季换盆的新苗（➡P76），在暑气消减的9月下旬移植至庭院的方法。把开完花的盆栽月季移植至庭院时，若刚好处于这个时期，亦可采用相同的移植方法。

应准备的材料

盆栽植株
（以‘婚礼钟声’为例）

基肥
- 马粪堆肥/5升
- 有机肥/50克
- 发酵肥料/100克

MEMO 也可用油粕和骨粉各100克。每株施肥量一般为200～300克，但若气温较高，施肥量可减半。

稻草

稻壳灰

新土

MEMO 如果需要换土，要预先备好新土。若这块土地之前种过其他花木，建议换土后再种比较好。

1 挖种植穴

穴的直径约45厘米，深度约45厘米。将底土充分捣碎翻松。

2 放入基肥

把作为基肥的有机肥投入穴内，与穴内土壤充分混匀。刮下穴壁的土一起混合，能扩大穴底面积，而且有翻松土壤的效果。

3 将基肥覆盖起来

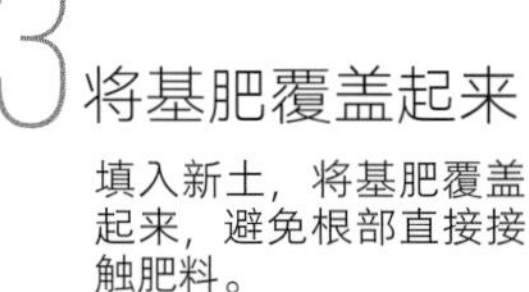

填入新土，将基肥覆盖起来，避免根部直接接触肥料。

4 调整种植穴的深度

把苗连同盆器一起放入穴内，以确认深度。盆土表面的高度应略低于地面，可利用土的填入量调整高度。

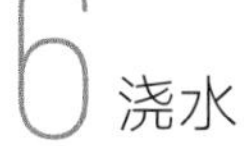

6 浇水

在根部周围全面地大量浇水，浇至地面无法再吸收任何水分为止。

7 用支柱支撑植株

将细竹竿斜插入土里，深至种植穴壁，将部分枝条和竹竿捆绑在一起，起支撑作用。

8 保温措施

用耙子之类的工具将植株基部附近的土整平后，在根部附近用能保温的稻壳灰覆盖，然后再铺能避免干旱的稻草。没有稻草，亦可覆盖树皮等。

5 把苗放入，将土回填

将苗从盆器取出，置于种植穴的中央，在土变干前，尽快将土填入穴内。在此过程中不要破坏根团。

完成

铃木栽培秘笈

支撑月季植株的支柱建议选用竹竿

竹子易感染的病害与月季不同，因此可安心使用。若找不到竹竿，可选用除蔷薇科外的树木的枝条。捆绑用的绳子，建议用麻绳等会随着时间腐烂的材质，不需要时也较容易解开。选择既能预防病害又不费事的材料，是月季栽培能长久永续的诀窍。

Lesson 3

庭院栽培③

大苗的种植
冬季的庭院栽培

这里将介绍，11月至翌年2月，将较大的裸根苗移植至庭院的方法。重点在于，肥料不能与根部直接接触。此外，种植完成后须做好防寒措施，让植株能顺利过冬。

11月至翌年2月正值严寒时期，月季的根和芽都处于停止生长的休眠状态，这个时期进行庭院移植，若没做好防寒措施可能会发生枝条冻结、干旱反复循环的生理现象，植株会很快枯死。

冬季种植，基肥施用量要比夏季时多，且要与穴土充分混匀，避免肥料与根部直接接触。钙镁磷肥不溶于水，因此要与其他肥料分开，在根部附近施用。

应准备的材料

大苗
（以‘乐园’为例）

基肥
- 马粪堆肥/5升
- 油粕/200克
- 骨粉/200克
- 磷肥/50克
- 钙镁磷肥/200克

1 挖种植穴

穴的直径约45厘米，深度45 ~ 50厘米。挖好后，将底土充分翻松捣碎。

2 加入基肥、钙镁磷肥

把作为基肥的马粪堆肥、油粕、骨粉、磷肥与穴内挖出的土混匀，回填部分混合基肥的穴土，施入钙镁磷肥，混匀。再回填少量的穴土。为了让根部种植后能充分展开，回填穴土要堆成小山丘状。

种在长方形高盆的大苗处理方式

暂时种在长方形高盆的大苗，从盆器取出后，不要破坏其根团。正在长叶子的苗处于发根状态，务必留意不要把根切断。种植方法同裸根苗。

3 修剪枝条

修剪大苗时，刀口要在嫁接处上方20 ~ 25厘米。留下3根比较结实强健的枝条，其余枝条都剪掉。

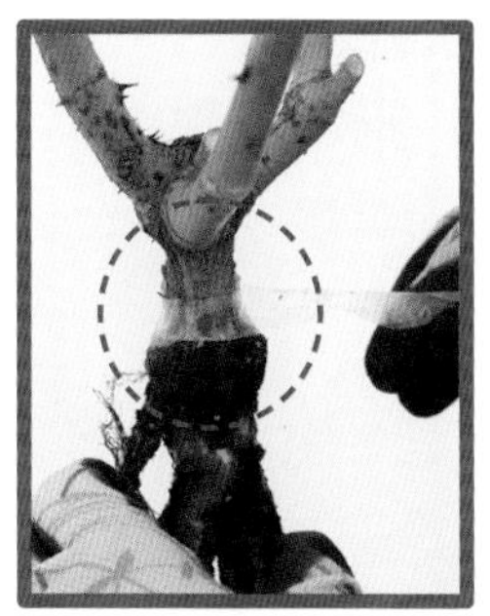

Point

把嫁接处的胶带拿掉。若胶带留着，会随着生长陷入枝干里，妨碍月季生长。

5 浇水

分3 ~ 4次，大量地浇水，每穴约浇20升水。

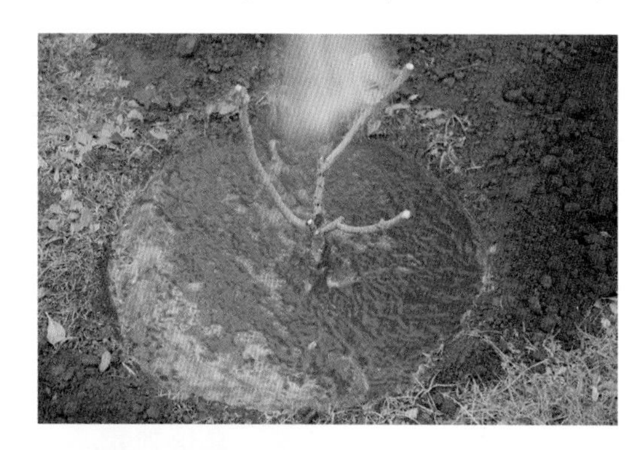

6 竖立支柱

等水渗透后，将剩余的土填回，插入支柱并绑缚枝条。绑绳最好选用易腐烂的麻绳或纸绳。

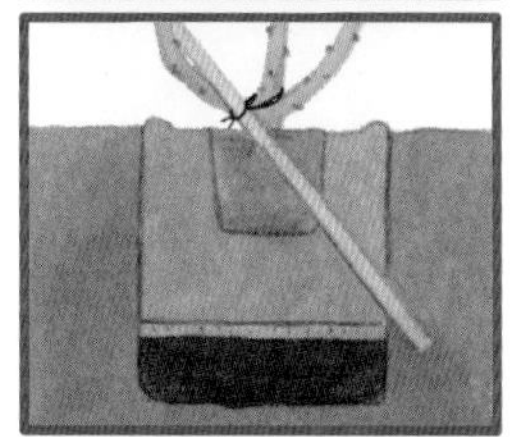

Point

将竹竿斜插入，深至种植穴壁，再将枝条和支柱捆绑固定在一起。

4 苗的种植

把苗的根展开，平稳地放在隆起的小土堆上，将穴底挖出的干净土倒在根部周围。

Point 土填至距穴缘约5厘米时，用脚轻轻踩踏，把土壤压实。

7 防寒措施

用竹竿做成拱架，用稻壳灰和稻草覆盖根部，将无纺布覆盖在拱架上，用麻绳绑好，下摆的地方用砖石等重物压着，避免被风吹走。在日本关东地区，无纺布覆盖到3月都没关系。

Lesson 3

庭院栽培④

新苗、藤本苗的种植

享受更多种植乐趣

庭院除栽培大苗外，也可以种植新苗、藤本苗。把种植的诀窍记起来吧。除此之外，把种植好的植株移到别的场所，称之为移植。这里也会介绍移植的方法。

新苗的种植

适宜时期：9月下旬至翌年6月中旬

种植的场所，尽量选择日照、通风和排水良好的地方。种植方法和盆栽植株的庭院移植一样（➡P90）。种植完成后，要浇大量的水，之后约1个月，每天观察植株的生长状况，地面干燥后再及时浇水。

要准备的肥料

基肥
- 马粪堆肥/5千克
- 油粕/200克
- 骨粉/200克
- 磷肥/50克
- 钙镁磷肥/200克

新苗嫁接处的胶带不拆掉，直接种植。将支柱斜插入种植穴，深入穴壁，在嫁接处下方的位置将支柱和植株绑在一起，以牢牢地固定植株。

1 挖种植穴、翻松土壤

挖直径40 ~ 50厘米、深40厘米的种植穴，并将底土翻松。

2 加入基肥

将马粪堆肥、油粕、骨粉、磷肥填入穴内，与土混合。

3 将土回填

把一些土回填，施入钙镁磷肥并混合，再将土回填覆盖住基肥。

4 竖立支撑苗株的支柱

在不破坏根团的情况下，将苗株种入穴内。如图所示的方法斜插支柱，有助于新苗尽快生根成活。

防止连作障碍

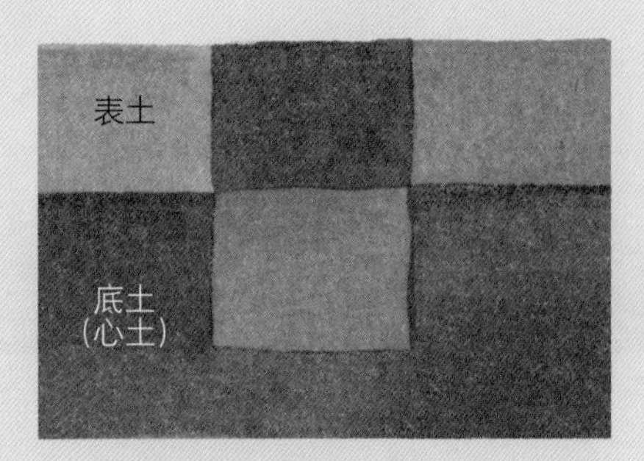

在回填从种植穴挖出的土时，可将表土和底土（心土）相互交换。

在长年栽培月季的场所种植新的月季，有时会遇到生长状况不好的情况，很多都因连作障碍所导致。连作障碍常常是由于土壤里的病虫害增加或缺乏植物生长所需的微量元素所导致。

想要防止连作障碍所引发的生长不良，只需用新土替换掉种植穴的旧土即可。若无法准备新的土，可将表土和底土（心土）相互交换。

藤本苗的种植

适宜时期：9 月下旬至翌年 6 月中旬

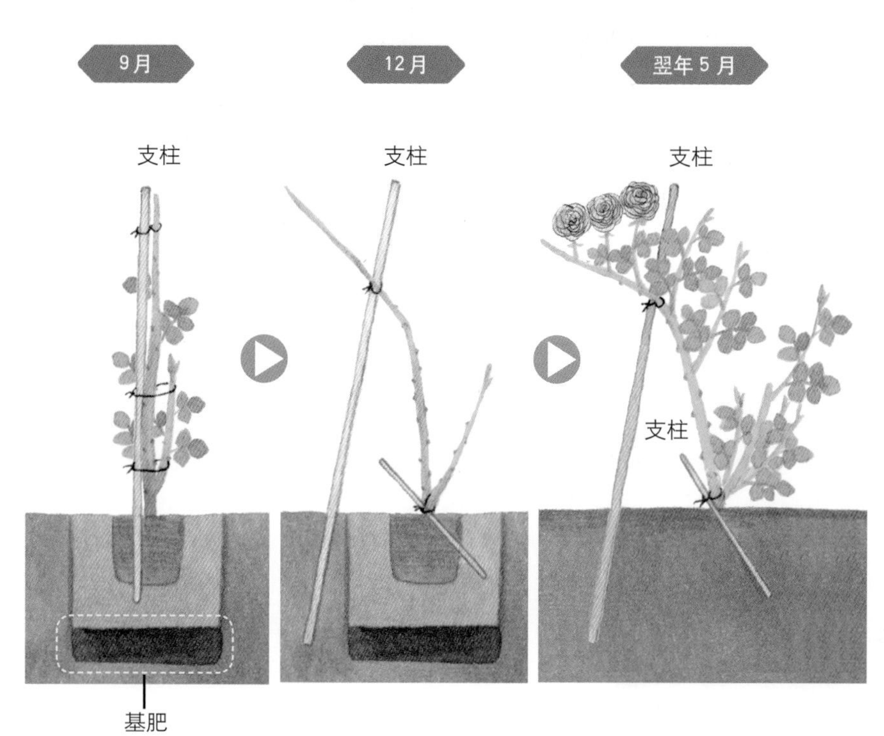

栽培古代月季系统的藤本苗，应在盆器里竖立约150厘米高的支柱，让枝条攀附向上延伸生长。

种植方法同种植新苗一样。购入后不要拿掉支柱，直接种植。

到了12月，将斜插的支柱重新竖立，把原本直立的枝条弄弯往旁边倾倒，跟支柱绑在一起。植株基部也要斜插入支柱。

种植时不要破坏根团，施用的基肥与新苗种植一样。

植株的移植

适宜时期：9 月下旬至翌年 5 月中旬

若需要将栽培于庭院的某株月季移至别的场所，建议在9月下旬后进行。移植前完成修剪，再用麻绳等将枝条捆绑在一起，以方便作业。要事先在新的种植场所挖好种植穴，并将5升左右的堆肥与基质混合均匀。

挖掘植株时，为了尽可能地保留根部，要大面积地挖掘根部周围的土。挖起来的植株，枝条部分用无纺布包裹，用麻绳等将枝条绑在一起。移植到新穴后，要浇大量的水。

移植完成，无纺布无须拿掉，若有持续干旱的现象，选一个温暖的上午，对着植株基部和包裹着无纺布的枝条浇水。等芽长至1厘米左右，再把无纺布取下。

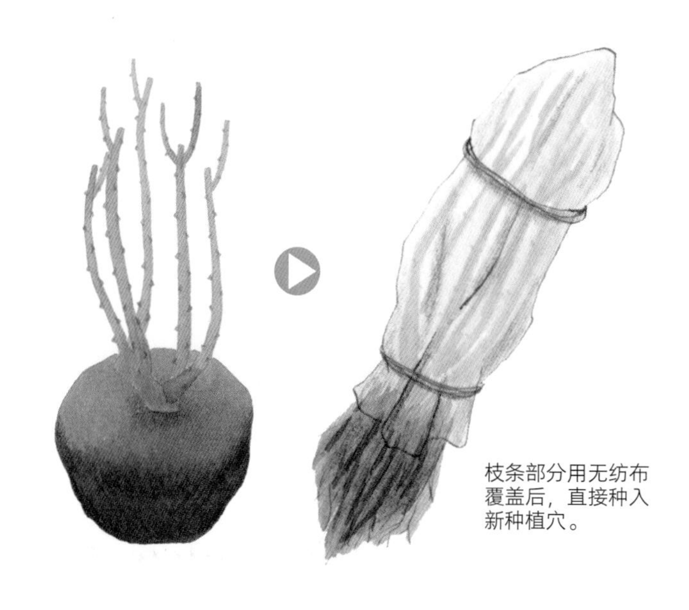

枝条部分用无纺布覆盖后，直接种入新种植穴。

庭院栽培⑤

庭院栽培后的管理

培育出健康的植株

在庭院里完成种植后，定期浇水是必要的作业。为防止干旱和发生病虫害，经常观察植株状态是很重要的事。让我们一起来确认全年的管理工作吧！

水分管理

庭院栽培的月季，在种植后约1个月内要定期浇水，等植株开始发根成活，就不需要再定期浇水。根部是否成活，可通过芽来确认。若新芽长至2厘米以上，代表发根状况良好。选择孔较细小的浇水工具，轻轻地对着植株基部大量浇水，不可以从植株顶部淋浇。

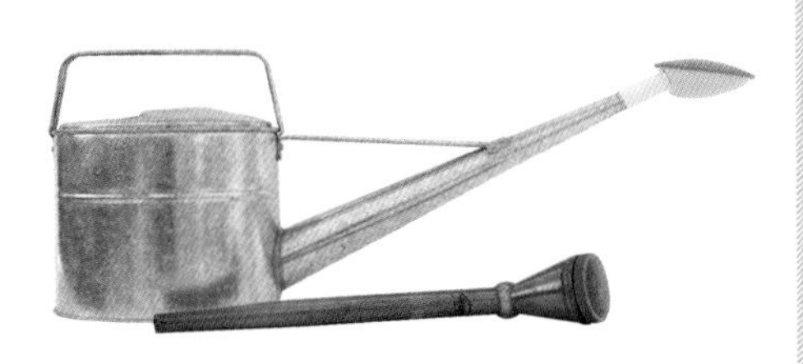

夏 冬

夏季要选择早晨和傍晚比较凉爽的时候浇水。冬季要在晴天上午10时左右气温上升后浇水。冬季傍晚浇水，月季可能会发生冻害，所以应尽可能避免。若用水管浇水，夏季要等前面一段变热的水流完后再浇，冬季要等冰冷的水流完后再浇。

春 秋

春季和秋季是气候容易变化的时期，降雨等因素会造成气温急剧下降，容易引发霜霉病等病害。北风或南风也要注意，浇水前要先确认当天和第二天的天气情况。

◈ 一定要浇水的情况

- ☐ 连续晴天，地面非常干燥时
- ☐ 盆栽植株移植至庭院约1个月内
- ☐ 种植一年内的植株

◈ 这类症状要注意

- ☐ 处于生长期，枝条却不延伸生长
- ☐ 不开花，同时有掉叶的现象
- ☐ 应该萌生新梢的时候，却没长出来
- ☐ 叶片生长位置的节间变长

若出现这些症状，可能是缺水或浇水过度造成的。

植物的根会吸收土里的水分和养分，同时也吸进了氧气。根部若长时间浸在水里，无法吸取氧气，会导致根腐病的发生。此外，根部为了获取水分，会往下延伸生长，若常常浇水，根部没有延伸生长的必要，就会变成根系发育不良的植株。

冬肥的施用

因施加过多化肥，发生叶烧现象。

应准备的肥料

冬肥
- 马粪堆肥/5升
- 油粕/200克
- 骨粉/200克
- 磷肥/50克
- 钙镁磷肥/200克

在种植月季时应施用足够的基肥，使其健康成长。花后肥料或促进新芽生长的肥料都是不必要的。施肥过量容易造成肥害，如叶烧、花形凌乱、花瓣过量增加却不开花、叶片过大、枝条徒长等现象，进而导致植株柔弱，抗病性也会跟着变差。

在日本，通常会在月季休眠期(12月中旬至翌年2月上旬）施冬肥。

Point

要每年改变施冬肥的位置。施冬肥的位置附近，生长状况会变得更好。

庭院月季成活后的管理作业表

11月下旬至翌年2月	藤本月季的修剪与牵引	➡P152
11月底至翌年2月	冬季修剪	➡P132
1～7月、10月中旬至11月中旬	摘除腋芽	➡P118
全年	病虫害防治	➡P171
1～7月	笋芽的摘心	➡P114
3月至9月中旬	花后修剪	➡P122
9月下旬至11月中旬	秋季修剪	➡P126

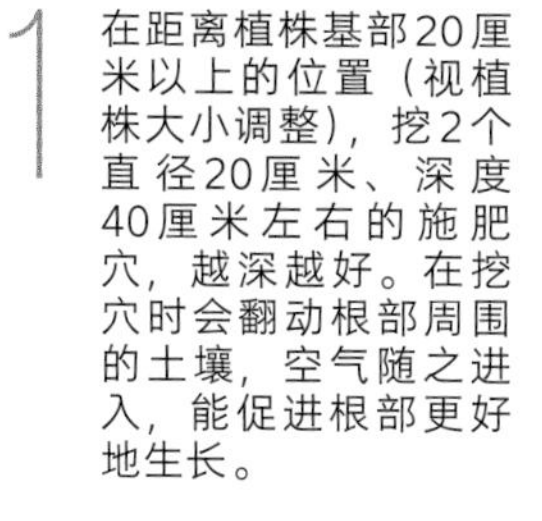

1 在距离植株基部20厘米以上的位置（视植株大小调整），挖2个直径20厘米、深度40厘米左右的施肥穴，越深越好。在挖穴时会翻动根部周围的土壤，空气随之进入，能促进根部更好地生长。

2 将马粪堆肥、油粕、骨粉、磷肥分成2份，分别施入2个穴内。

3 用铲子将穴壁的土削下来，与肥料混合。

4 回填少量的穴土后，把钙镁磷肥分成2份，分别施入2个穴内。

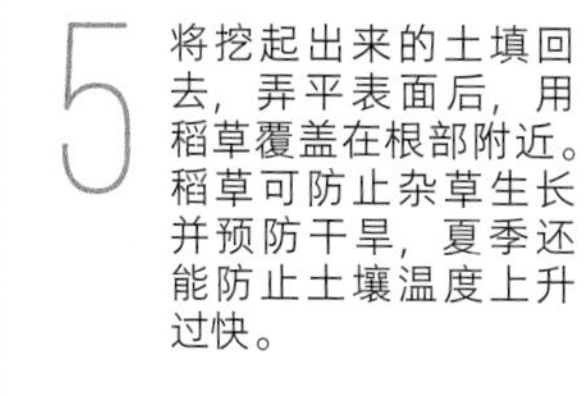

5 将挖起出来的土填回去，弄平表面后，用稻草覆盖在根部附近。稻草可防止杂草生长并预防干旱，夏季还能防止土壤温度上升过快。

想知道更多！

庭院栽培Q&A

5月买入盆栽月季，想要种到庭院里，何时进行会比较好？

A 先摸摸盆土的表面，若盆土呈现坚硬的状态，就是适合移植的时机。若盆土呈松软状，则应等到梅雨季节。盆土松软的盆栽，大概才进行幼苗移植1个月左右，如果此时把植株拔起进行移植，可能会破坏根团。原则上，移植要避开晴天，阴天最合适。

若是藤本苗，最好在9月进行移植，以保证年内发根成活。

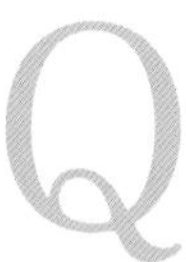

种植月季，需要像种菜那样把土壤翻松吗？

A 花的栽培跟蔬菜的栽培一样，整地也是很重要的环节。把土壤翻松，将大量的堆肥混入土里，使土壤的排水性变好，利于植物生长发育。然而，这样整地也使土壤容易变干，若没有定期浇水，很可能会导致植株缺水。种植月季时也是如此，若种植穴周围土壤呈松软的状态，土容易变干，如长时间未浇水，就会导致月季干枯。凡事做得过头都会招致反效果，有时必须稍微放手，顺其自然。过度照料会让植物无法发挥自身的力量。

开着白色小花的野蔷薇，叶片为淡淡的黄绿色。

Q

在庭院种植嫁接苗，嫁接口下面长出新芽，可以放任其生长吗？

A 嫁接口下面长出的芽，有可能是砧木的芽（砧芽）。砧木通常为野蔷薇，小型叶片呈现淡淡的黄绿色，有7枚或9枚小叶，没有刺。

若放任砧芽生长，会影响接穗的生长。若看到它，应将其摘除！若看到从土里长出来的砧芽，应将其剪掉。此后只要看到砧芽再长出来，都应及时将其摘除。

庭院月季感染了根癌病，想种植新月季，应如何换土？

A 根癌病的病菌，在冬季时活力会降低，建议在冬天进行移植。在更换种植穴的土壤时，铲子之类的工具要用水充分洗净再使用，以免新土混杂有旧土。细菌容易从嫁接口、伤口或害虫啃食处侵入，因此在移植的时候，注意不要伤到根部。

Q

想请教树状月季的防风策略

A 当听到台风要过境的预报时，可设立3 ~ 4根支柱并用绳子连成一体，将植株整理固定好，以免被风吹得四处摇晃。若正值花期，也可以把花剪掉。

平时的栽培管理也很重要，要让根部能够延展扩张，以保证有能力抵挡强风。不要施肥过度或浇水过度，以让根部能充分延伸生长，长成茁壮的植株。

植株基部若遭受星天牛的幼虫啃食，有强风时容易折断，因此只要看见星天牛的成虫，便加以捕杀，让它没有机会产卵。

进口苗买回来时根部没有任何土壤，能以这样的状态直接种植吗？

A 进口苗需接受植物检疫，必须将土完全弄掉，以裸根苗的状态进口。因根部已被清洗过，根部表皮可能会有剥落现象，变得极易干燥。若表皮剥落，水分容易散失，若这样直接种到土里，会因水分吸收困难，造成生长显著迟缓或枯萎。

因此，可将裸根苗根部放到水里浸泡20 ~ 30分钟，让它吸收水分后再种植。若有用来促进扦插苗发根的植物生长调节剂，可按产品说明稀释成规定的浓度后浸根。枝条若有枯萎的感觉，可把枝条整个浸入水里让它吸水。另外，还可以将根部浸入黏土浆里以形成保护膜（➡P89）。

若苗的根部受伤，要选用干净的土，先将其种在盆里，等苗长大后再移植到庭院，这样会提高成活率。种完后，为了保温和遮光，可设立支柱，用无纺布覆盖。

在植株周围设立3 ~ 4根支柱，用绳子捆绑支柱，再将枝条整理整齐。若赶时间，可以直接用绳子将植株从下往上呈螺旋状缠绕。

扦插繁殖

繁殖月季有几种方法，但其中比较容易成功的是扦插法。若能顺利繁殖自己喜欢的植株，会让月季栽培变得更有乐趣。

扦插方法

适宜时期：8月中旬至翌年5月底，避开夏季高温期

适合进行扦插的气温是20～25℃，气温太高则插穗不易发根。有的品种易发根，有的不易发根，但一般月季扦插苗1个月左右（微型月季20天左右）即可发根成活并进行幼苗移植。

插穗的选择方法

- □ 选择健康、没有病害的插穗
- □ 开花中或花苞正要绽放的枝条比较适合
- □ 直径2～5厘米、发育结实的枝条会比粗枝条好
- □ 幼嫩的软枝不容易发根
- □ 结果枝也不容易发根

应准备的材料

扦插用的插穗
（以'诺瓦利斯'为例）

扦插用土
- 赤玉土/70%
- 珍珠岩/10%
- 泥炭土/10%
- 稻壳灰/10%

MEMO　将基质完全混合后再弄湿。

扦插用5～6号盆

MEMO　为了便于挡风遮光，请选用较深的盆器。填入基质填至盆器的1/3处。

装了水的水桶

1 在插床上开穴

预先用竹棍在插床里插出洞穴，在作业时不容易伤到插穗的切口。

2 让插穗吸水

从枝条的下部开始，每1～1.5厘米剪下一段带叶的插穗，让它直接掉落在装了水的水桶里。剪完一段后，将枝条旋转180°后再剪下一段。让插穗充分吸水5～30分钟。

3 制作插穗

将吸完水的插穗从水里捞起。为了抑制水分蒸发，要剪掉一部分较大的叶片。但剪掉太多叶片，会导致插穗无法进行光合作用，发根速度也会变慢。

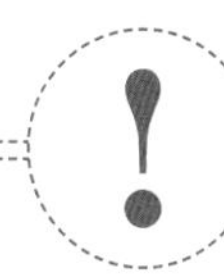

为了保障月季育种者的权利，未经许可商家不得进行已授权品种的繁殖、转让或种苗交易。原则上，个人繁殖的种苗亦不可转让或交换。

4 扦插

在将插穗插入基质时，不要让叶子重叠和触碰基质。插入的深度3～4厘米。上切口要露出土壤表面。

扦插完成后，要浇大量的水，再将插床置于半阴且淋不到雨的地方。经过1周后，若叶片保持绿色，代表插穗已发根。要适度浇水避免基质干燥。第20天和第25天施用稀释后的液肥。

1个月内绝对不要动插穗，更不能把它拔出来。

插穗的移植　扦插后的作业❶

扦插完成约 1 个月后

发根后，逐一将插穗移植至单独的盆器里。移植时，为了避免风吹和根部干燥，最好在室内进行。移植后1周内，要将其放在半阴、淋不到雨的场所进行管理。之后要移至日照良好的场所，等盆土变干再大量浇水。看到萌芽，就代表根部已延展生长，施用稀释后的液肥。

应准备的材料

移植插穗需要的基质

- 小粒赤玉土 /70%
- 泥炭土 /10%
- 珍珠石 /10%
- 稻壳灰 /5%
- 小粒鹿沼土或小粒赤玉土 /5%

1 将插穗置入盆器内

在盆内填入三分之一的基质，将插穗的根展开，平铺在基质表面。

2 填土，浇水

将基质填入盆器，浇水浇至有水自盆底流出。

换　盆　扦插后的作业❷

扦插完成 2 ～ 3 个月后

插穗移植后约2个月，高30 ～ 50厘米。长到这样的程度，就该换大盆了。

▼个别移植至5号盆。方法跟插穗移植时一样。对结花苞的插穗进行摘蕾。

▲高30 ～ 50厘米的苗。

应准备的材料

换盆用的土

- 小粒赤玉土 /70%
- 泥炭土 /10%
- 珍珠岩 /10%
- 稻壳灰 /5%
- 小粒鹿沼土或小粒赤玉土 /5%

摘 叶

扦插后的第一个冬天

扦插后的第一个冬天，尚未长至需要修剪的植株。到了2月上旬冬季修剪的时期，不必进行修剪，但为防止病害发生，需将叶子全部摘除。

1 6月下旬进行扦插后，翌年2月，扦插苗长出2根枝条。

2 不用修剪，只需将叶子摘除即可。

成长的样貌（春天）

6月下旬扦插后，翌年5月上旬，扦插苗结出花苞，同时也长出新梢。

嫁接繁殖

嫁接是将想繁殖的月季的枝芽接到别的植物体上，让其生长的一种繁殖方法。嫁接的方法有多种，但月季主要采用芽接法和切接法。

树枝的构造

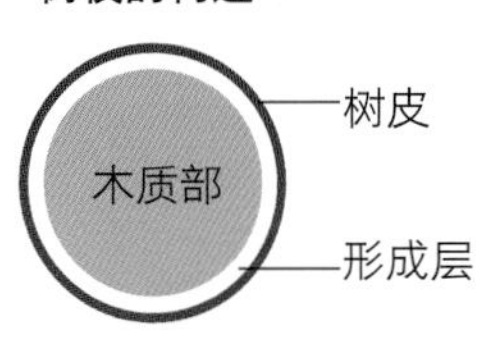

嫁接是指将砧木和接穗的形成层紧密结合，使两个不同的植物体长成一个完整植株的繁殖方式。若能结合，砧木吸收到的水分和养分就会提供给接穗，接穗的光合产物也会提供给砧木。野蔷薇是常见的砧木。若不太容易找到砧木，就用扦插（➡P100）或播种繁殖。

芽接法

适宜时期 :8 月底至翌年 4 月底，避开夏季高温期

将接穗的芽跟砧木结合在一起的嫁接法。一般在繁殖月季时，会将芽嫁接在野蔷薇的植株基部与枝条之间的主干上。生长多年的野蔷薇不容易嫁接成功，应选用基部以上粗1厘米的一年生实生苗作为砧木。

应准备的材料

- **砧木**
- **接穗**
  （以‘福利吉亚’为例）
  MEMO　选用开花中或刚开完花的枝条作为接穗。
- **芽接刀**
  - 只要是斜刃的刀子都可以
  - 透气胶带或嫁接胶带

1 在砧木枝条的下部，用芽接刀横向划出6～8毫米的切口。形成层就在树皮内侧。

2 纵向划出1.5厘米的切口，与横向切口形成T形。

3 将T形纵向切口的树皮往左右撑开，露出形成层。

后续的管理

若是夏天，芽接约1周后如果芽没有变黑就代表成功了。芽会一直到春天才会萌发，因此只要在野蔷薇开始生长前（日本关东地区1月至2月上旬），在芽接点往上1～2厘米的位置下刀，将枝条切掉，并将胶带拆掉即可。

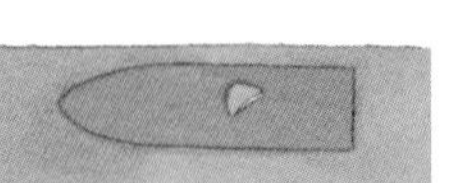

4 从接穗芽的下方，斜插入刀，将皮薄薄地连芽一起削下来。将切下来的芽的内侧所附着的木质部去除。

5 将芽插入砧木树皮里，紧密贴合。要趁切口未干前尽快完成。把露出的多余部分剪掉。

6 缠上胶带，将芽和砧木牢牢贴紧。将嫁接专用的胶带充分展开拉薄，由下往上缠绕。

芽接苗的栽培方法

❶从田地移植至庭院

适宜时期:9月下旬至5月中旬

1 在挖掘时要细心谨慎，尽可能保留根团完整，参照新苗的庭院栽培方法，放入基肥后把苗种下去（➡P94）。

2 种植完成后，用竹竿做成屋顶支架，再用无纺布覆盖防寒（➡P93）。

3 不要马上浇水，选一个温暖的日子再浇水。

4 芽长至1～2厘米后，将无纺布取下。

❷在庭院里就地种植

适宜时期：9月下旬至翌年5月中旬

1 在芽接点上方1～2厘米的位置下刀，将其上枝条切除，拆掉胶带。

将芽接点上方1～2厘米以上的枝条切除

2 施肥量只需新苗的一半。马粪堆肥2.5升、油粕100克、骨粉100克、磷肥25克、钙镁磷肥100克。在距离植株10厘米以上的地方，挖出直径10厘米左右的施肥穴，将肥料放进去（➡P97）。

3 可以用无纺布覆盖以防寒。

❸从田地移植至盆器

适宜时期：9月下旬至翌年5月中旬

1 挖掘时不要伤到根部，种植时请参照新苗移植至盆器的方法（➡P76）。移至6号盆会比较合适。基质配比为赤玉土70%、泥炭土15%、珍珠岩5%、稻壳灰5%、马粪堆肥5%。比较寒冷的时候，可以多加一点堆肥。

2 第一次要大量浇水，等盆土干燥后再浇水。请置于不会淋雨的场所管理。若担心冻害，可用无纺布防寒。给水量要适当减少。

3 等芽长至1厘米左右，施1个直径2.5厘米的固态油粕作为追肥。之后的管理可参照盆栽月季换盆后的管理（➡P80）。3月后要增加浇水量。

切接法

适宜时期：四季

应准备的材料

砧木

MEMO　选用野蔷薇一年生实生苗作为砧木，在距离根的上部约5厘米的位置下刀，将以上的枝条切除。

接穗

（以‘Liberta’为例）

MEMO　接穗要比砧木细，合适的砧木和接穗的粗细比是（7 : 3）～（6 : 4）。在取接穗时，只要留一个芽，长度约5厘米。

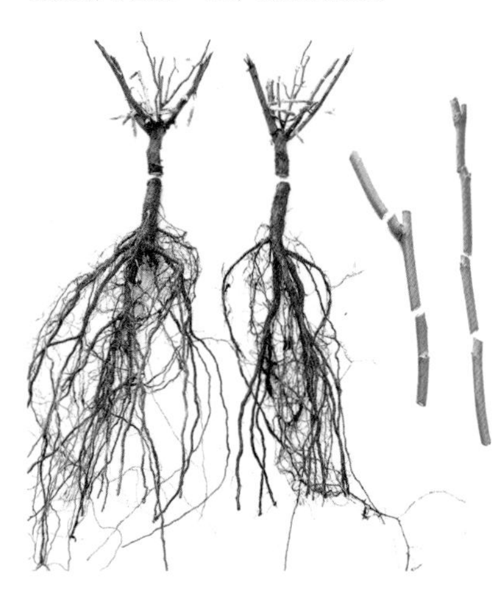

- 切接刀
- 嫁接胶带
- 修枝剪
- 工作手套
- 7号盆（暂时种植用）
- 赤玉土

切接法是切下一段只保留一个芽的短接穗，将其嫁接在砧木上的一种繁殖方法。大多是在休眠期（2月）进行。切接时，要在接穗和砧木未变干前尽快完成。若想培育树状月季（➡P30），有时需让砧木的枝条长高变长，然后在枝条上某个部位进行嫁接。

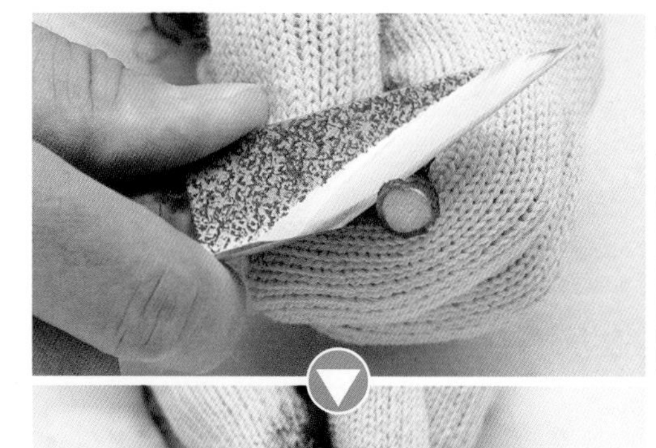

1　从距离砧木切口3～4毫米处斜向上切去部分树皮，使砧木的形成层清楚露出。

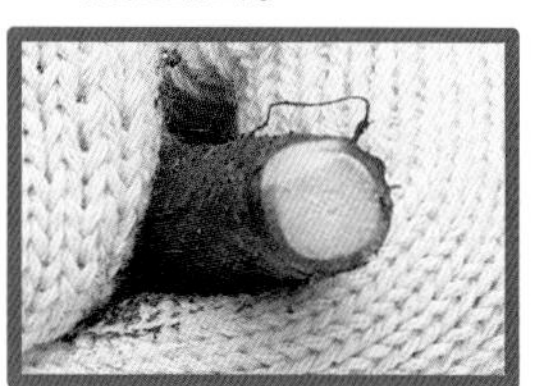

Point　斜切去3毫米左右树皮。

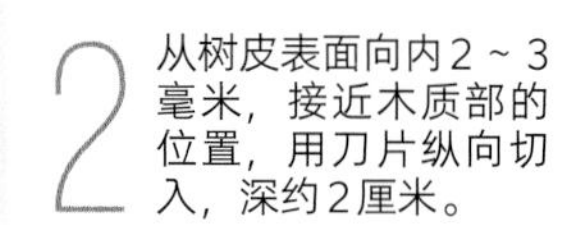

2　从树皮表面向内2～3毫米，接近木质部的位置，用刀片纵向切入，深约2厘米。

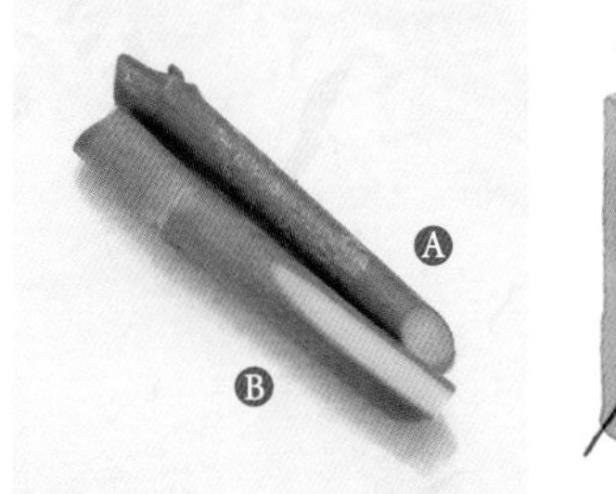

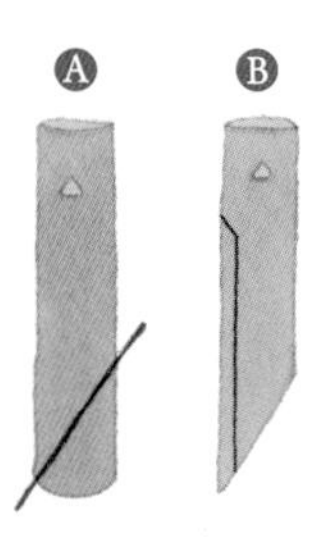

3　成45°角斜切去接穗下部，如左图A所示，接着在斜切口的背面，距尾端约2厘米处下刀切去树皮，让形成层露出来，如左图B。

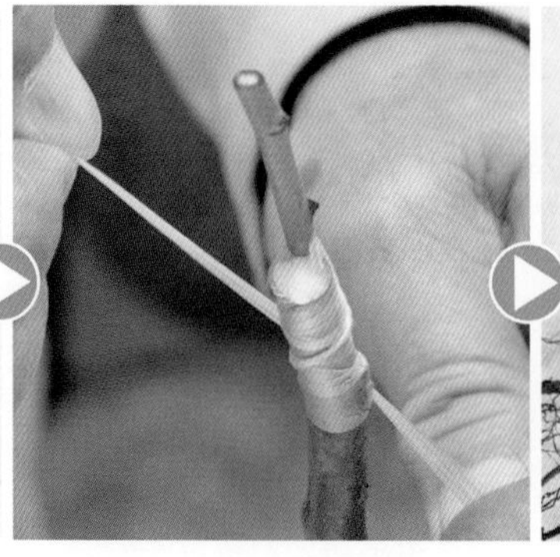

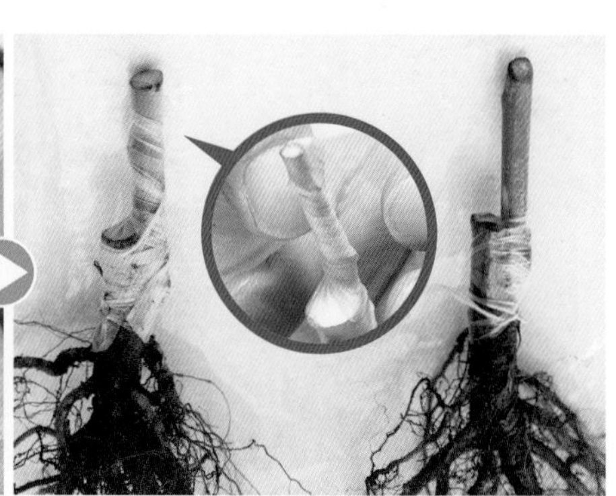

4　让砧木的形成层与接穗的形成层面对面重叠，将接穗插入砧木。

5　将接合的部位用胶带缠绕固定。为避免砧木切口干燥，也要用胶带覆盖住。

Point　可用胶带将接穗整个包裹起来。

6 将切接后砧木，以3 ~ 4株为一组放入盆内，填入赤玉土，填至嫁接处下方为止。

7 大量浇水，浇至盆底流出的水不再混浊为止。

8 为了防风、防寒，可用另一个盆器覆盖住切接苗。避免用透明盆器，以防温度上升过快。

后续的管理

置于东侧的屋檐下等避雨场所，等盆土干燥后避开枝条浇水，待20天左右芽长出，水分管理上可维持稍微干燥的状态。若进行人工加温管理，很容易栽种失败，所以顺其自然就好。等芽长至1厘米左右，可把覆盖物拿掉，晚上或寒冷的时候，再覆盖回去。当芽长至5 ~ 10厘米时，请参照以下要领进行切接苗的移植换盆。

切接苗的移植

切接完成约 40 天后

1 分别将单株切接苗种入5 ~ 6号盆。基质组成为小粒赤玉土70%、泥炭土20%、珍珠岩5%、稻壳灰5%。

2 充分浇水。浇水时尽量不要淋到枝条或叶子。浇完1周后，每盆放入1粒固形油粕或有机肥，管理方式同新苗盆栽一样（➡P80）。

成长的样貌（春天）

若是2月上旬进行切接的苗，5月下旬后，要依据新苗的栽培管理，视适当时机反复持续进行笋芽的摘心（➡P114）、摘蕾（➡P120）等作业。

压条繁殖

压条法是取枝条或根的中间一段，使其发根，再将之切下，用来培育新个体的一种繁殖法。从很早以前人们就开始用这个方法生产盆栽或庭栽树木的幼苗。

压条法

适宜时期：四季，春季为佳

这里将介绍如何利用野蔷薇的枝条进行压条繁殖，以用来生产标准型树状月季(➡P30)的砧木。如果你想用喜欢的品种进行挑战，可再多制作一个新植株。

应准备的材料

压条用的植株
（野蔷薇）

MEMO 选择当年生、直径1厘米左右的枝条。最好枝条前端有新芽，因为这象征其根部健康，吸水状况良好。

切接刀、水苔

MEMO 先用热水对切接刀进行消毒。让水苔充分吸水，用前拧干水分。

透明塑料薄膜

绳子

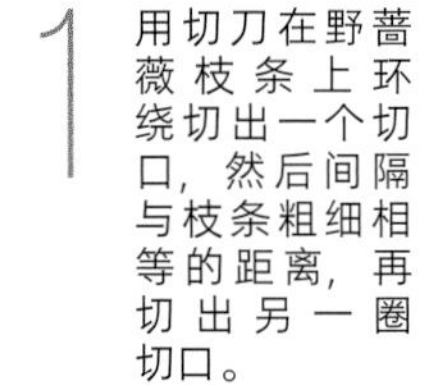

1 用切刀在野蔷薇枝条上环绕切出一个切口，然后间隔与枝条粗细相等的距离，再切出另一圈切口。

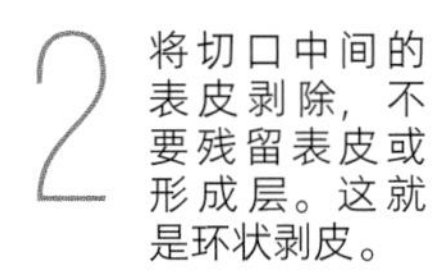

2 将切口中间的表皮剥除，不要残留表皮或形成层。这就是环状剥皮。

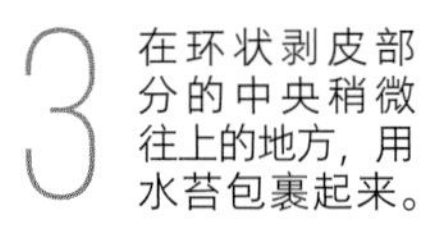

3 在环状剥皮部分的中央稍微往上的地方，用水苔包裹起来。

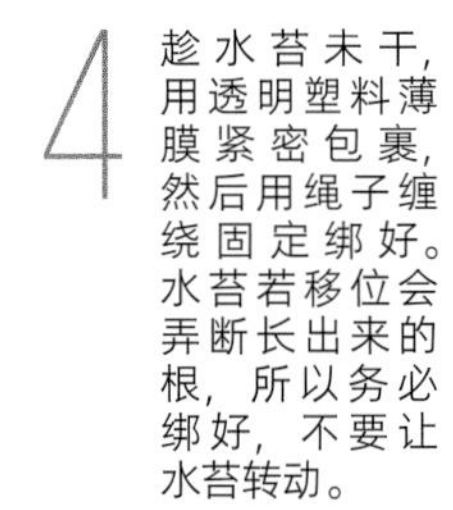

4 趁水苔未干，用透明塑料薄膜紧密包裹，然后用绳子缠绕固定绑好。水苔若移位会弄断长出来的根，所以务必绑好，不要让水苔转动。

成长的样貌

1个月后，从透明塑料薄膜里面会长出红色的根，随着根伸长，水苔会变干燥，因此可以根据干燥状况来判断发根的状态。

若阳光直射包水苔的部分，塑料薄膜内部会快速升温，所以最好放置在背阴处。

压条苗的移植

压条完成2个月后

看到塑料薄膜里的水苔变干燥，确认有发根后，将枝条从母株上面剪下来进行移植。

应准备的材料

基质
·小粒赤玉土/65%
·泥炭土/15%
·珍珠岩/10%
·稻壳灰/10%
6号盆
修枝剪
装有水的水桶

1 水苔变干燥，确认长出茶色的根后，从距离水苔约5厘米以下部位剪下枝条。

2 拿进室内，摘除叶子，在水苔上方1米左右的地方下剪，剪去顶部枝条。

3 若水苔移动，会弄断根部，所以在拆除塑料薄膜时要小心，不要移动水苔，并剪掉下部的枝条，然后马上浸入水里，让其充分吸水。

4 无须去除水苔，直接放入盆内，用土覆盖种植。种好后，浇大量的水，置于背阴处。

成长的样貌（春天）

在压条繁殖的野蔷薇上面切接‘月月粉’，经过3个月后的样子。长出新芽并顺利健康地生长。

1周后芽开始活动，在那之前要放背阴处进行管理。2～3个月后，枝条开始萌芽，但该枝条要作为砧木使用，所以只保留最上面2个芽，其余芽要全部摘除。若不当砧木使用，栽培方法与新苗相同（➡P98）。

享受更多月季带来的乐趣！

来喝玫瑰花果茶吧！

月季花和蔷薇果可用于制作花果茶，常被人们称为玫瑰花果茶。月季从古代就被作为药草或香草使用，从新鲜花瓣萃取出的精油等是制造香水或化妆水的原料。干燥后的花瓣和花苞，可用来制作干燥花果酱、蛋糕等，用途非常广。

制作玫瑰花茶的原材料主要是百叶蔷薇、大马士革蔷薇、法国蔷薇等原生种或古代月季的花瓣或花苞。市面上也有整包或整盒都是花苞的花茶。玫瑰花茶散发着高雅的香气，能抚慰烦躁的心情，消除疲劳，具有调节激素平衡和消除便秘的效果。

另外，蔷薇的果实经过干燥后，常被称为玫瑰果。主要选用的是犬蔷薇或锈红蔷薇的果实。果茶香甜中夹带着柔和的酸味，含有丰富的维生素C，具有美化肌肤、预防色斑形成的效果。除含有维生素C外，还含有维生素A、维生素B、维生素E、维生素K及铁和多酚，可以抗老化、消解便秘、恢复眼睛疲劳。

对蔷薇果进行干燥处理时，先充分洗净果实，擦干后用刀切成一半或四分之一，去除种子，平放入簸箕等处，置于通风良好的背阴处1个月，使其干燥，注意避免发霉。野蔷薇等的果实也是不错的选择。应选用入秋变红成熟的果实。

使用过化学农药的月季，不适合用来制作花果茶。

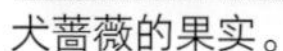

犬蔷薇的果实。

比犬蔷薇果实稍小的野蔷薇果实。

玫瑰花果茶的冲泡方式

[材料:1人份]

- 热水:180毫升
- 玫瑰花茶或玫瑰果:满满一小匙

注：用手指轻轻按压玫瑰花茶，将之弄碎。若是用玫瑰果，可用研磨钵或果汁机搅碎后使用。

1. 将热水倒入杯中预热杯子。
2. 将满满一小匙的玫瑰花茶或玫瑰果放入茶壶。
3. 注入180毫升的热水，盖上壶盖焖约5分钟。
   注：若有茶壶保温罩，可把茶壶罩起来，减缓冷却速度。
4. 拿掉茶壶盖，将茶搅拌均匀。
5. 将杯里用于预热的热水倒掉，放上茶滤网，可在倒入茶水的同时过滤花茶。

注：泡过茶的花瓣、花苞或果实，可加入蜂蜜或细砂糖，用微波炉加热后，充分搅拌做成果酱食用，以完全摄取其营养成分。

Lesson 4

月季的
四季养护

月季养护

八项重要工作

月季养护不可欠缺

为了让月季开出美丽的花朵，平时仔细观察月季，时常进行必要的作业非常重要。尤其是浇水、摘心或摘芽，更是培育结实植株不可欠缺的作业。

月季养护的必要工作

1 浇水 ➡P96

目的 补给水分

适期 全年

方法 盆栽月季需要定期浇水，庭院栽培的月季则视生长状况而定。浇水的时间与次数，请根据季节与气候适度调整。夏季的给水尤其重要。

2 笋芽的摘心 ➡P114

目的 培育未来的主枝

适期 1～7月

方法 摘除新梢的前端，以培育未来的主枝。主枝负责开花与进行光合作用，同时也是决定着月季的株型。健康的主枝越多，叶片越多，光合产物也会变多，可让植株长得更结实。

3 喷洒药剂 ➡P174

目的 防治病虫害

适期 全年

方法 一旦虫害或病害发生，立即喷洒药剂进行防治。

4 修剪及牵引 ➡P124

目的 修整树形
保持良好日照
确保良好通风

适期 9月下旬至翌年2月

方法 修整树形，同时去除老枝及多余枝，促进新梢生长，维持健康活力。修剪可分为在秋季进行的中剪（➡P126)及在冬季进行的强剪(➡P132)。若是藤本月季，冬季修剪时请一并进行藤蔓的牵引(➡P152)。

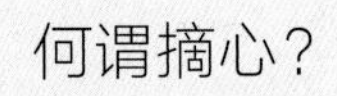

何谓摘心？

摘心，指摘除植物的枝条顶端，也称为摘芽。主要是针对四季开花型品种，由于月季的摘心会一并摘除花蕾，因此也兼任摘蕾（➡P120）之务。摘心的目的，是为了增加枝条及叶片，培育出结实的植株。摘除枝条顶端后，会从切口下方的叶腋长出新梢。

5 抹芽 ➡ P118

目的 打造健壮植株

适期 在中剪及强剪后的2~3周进行

方法 从修剪后萌发的新芽中，摘除多余的芽及不定芽。可整形，给予枝条良好的日照与通风，预防病虫害，让花朵美丽绽放，也是一项整理过多花枝的工作。

6 花后修剪 ➡ P122

目的 促进花芽形成

适期 全年

方法 剪掉凋谢的花朵，促进新芽的发育。任残花留在枝条上，月季会消耗许多体力用于结果。太晚修剪残花会让新芽无法生长，导致月季难以再次开花。虽然是一项避免结果以维持植株活力的工作，但对一季开花型月季及古代月季等种类而言，还能达到防治病虫害的目的。

7 基肥 ➡ P97

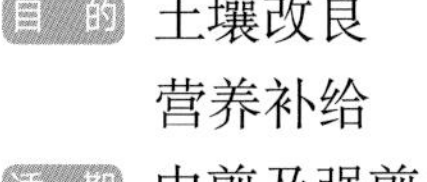

目的 土壤改良
营养补给

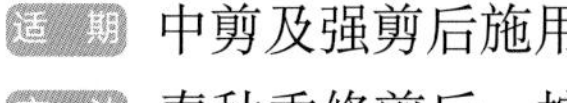

适期 中剪及强剪后施用

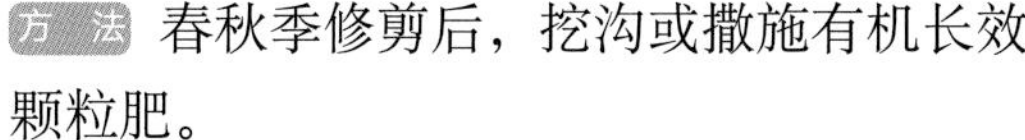

方法 春秋季修剪后，挖沟或撒施有机长效颗粒肥。

8 新梢的摘心 ➡ P116

目的 增加花量
调整花期

适期 3～9月

方法 轻轻地摘除新梢的前端，花蕾长至1.5厘米左右便予以摘除，以此调整花期，增加开花数量。

摘除枝条顶端后，从叶腋长出新梢。

轻摘心与重摘心

摘心视其摘取深度（位置），可分为轻摘心及重摘心。轻摘心是趁枝条幼嫩时，用手指将枝条顶端（浅处）摘除。重摘心则是于枝条深处予以摘除。选择较深的位置是为了控制树势，当枝条变硬时也可用剪刀摘除。

单靠轻摘心无法控制树势，当植株长得太高时，请搭配进行重摘心。

日常养护①

笋芽的摘心

打造良好株型

笋芽，是将来会成为主干（主枝）、开花、进行光合作用、打造株型的枝条。当笋芽长出来时，请趁幼嫩进行摘心，让枝条愈发结实。

笋芽摘心的原因

从植株基部长出的笋芽可发育成活力充沛的枝条。任其自由生长，枝条会产生较多分枝，呈扫帚状，并于顶端形成许多花芽。花芽多，营养就会分散，导致枝条长势渐弱。此外，枝条过于杂乱，植株很可能发生病害。

因此，趁笋芽幼嫩时摘除顶芽，预防枝条变成扫帚状。摘除后，会从切口下方的叶腋长出新梢。待新梢长到适当高度时再予以摘心。摘心的时期以顶部花蕾变成红豆状时为宜。反复进行2～3次摘心，可让枝条更强健，同时长出许多叶片。

何谓笋芽

月季栽培中所谓的新梢，指的是新生的强健枝条。有的笋芽从植株基部附近长出，有的从较高位置长出。但哪段范围长出的新梢算是笋芽，哪个部位以上算是腋芽，并无明确的区分。

除盛夏高温期以外，秋季至翌年春季都是新梢的萌发期。一季开花型藤本月季、古代月季、灌木型英国月季的笋芽基本任其自由生长；四季开花型月季的笋芽须进行摘心，以打造良好株型。

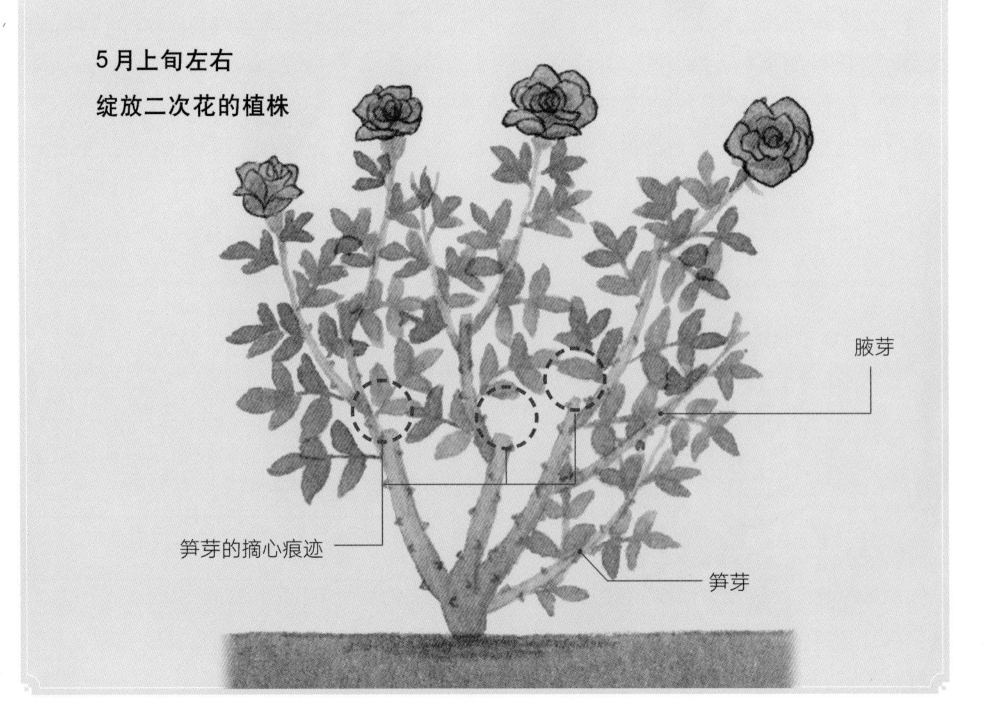

摘心的方法

多数四季开花型品种，春季开花后会开始萌发笋芽。请趁刺仍然柔软时进行轻摘心，顶部花蕾变成红豆状时即可执行。不过若是新手，建议还是尽早摘除。

笋芽生长时期，必须注意避免干旱。栽种于庭院的植株，若遇到持续干燥的天气，请每隔2～3天浇水1次。

成长的样貌（摘心的痕迹）

从叶腋长出的枝条长大后，摘心后的残余部分会脱落，枝条变直，几乎看不出摘心的痕迹。

枝条前端摘心后，从叶腋长出新梢。

1 从新苗的基部冒出笋芽。

2 笋芽长至30厘米左右，于顶部形成花蕾。

3 不要用指甲掐，以指腹弯折枝条折取下来。注意别触碰到切口处。

铃木 栽培秘笈

并非所有月季都会进行新梢更新

四季开花型月季，随着笋芽的生长，老枝会枯萎。像这样老枝枯萎，整体植株更换为新梢的过程，被称为新梢更新。

以前，月季被认为一定会进行新梢更新，但实际上，也有成株后每年持续长出新梢的品种，以及几乎不长或偶尔才长新梢的品种。不同品种的新梢生长方式有极大差异，相应的修剪等管理方式也应随之改变。

经常萌发新梢的品种，因常年持续更换新旧枝条，故枝条寿命较短；相反，不太会长新梢的品种，各个枝条缓缓生长，因此枝条寿命较长。

日常养护②

新梢的摘心

从幼苗到成株

月季从新苗、大苗到成株约需3年时间。这段时间的栽培重点是尽量避免开花。幼苗若接二连三开花，花朵会瓜分能量，导致植株生长迟缓。因此，趁植株还年轻时，摘除花蕾避免其开花，使其增长叶片，培育健壮植株，才是最重要的任务。

须对月季新梢进行摘心，同时摘除枝条顶部的花蕾，以此彻底抑制开花。摘心后，会从切口下方的叶腋长出新梢，枝条长高，叶片数量也随之增加，这样月季就能更充分地进行光合作用，长成健壮结实的植株。

右图是月季新苗生长与新梢萌发的常见模式。随着生长环境、气候条件、养分及水分管理等栽培条件的改变而存在差异。

第一年 购入新苗

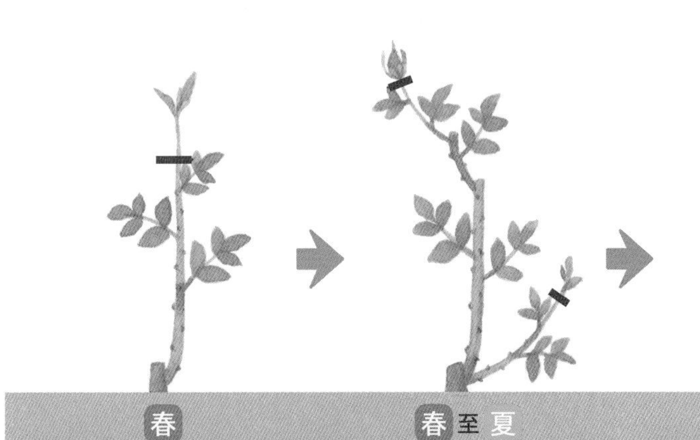

春

4～6月时栽种的月季，须摘除其萌发的花蕾或新芽。

春至夏

摘心部位下方的腋芽会开始萌动，同时叶片增生。春至夏季的笋芽、花蕾应进行轻摘心处理。

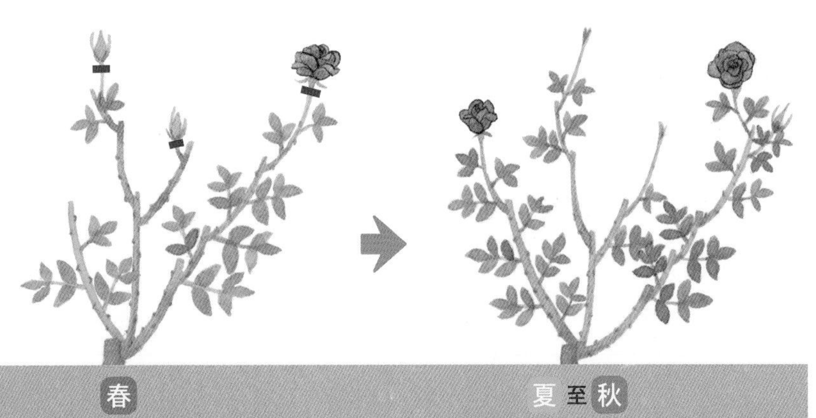

春

新梢开出第一轮花。摘除老枝上长出的花蕾。

夏至秋

修剪残花使其第二次绽放花朵。若长出笋芽须予以摘心。

第三年 两年后

冬

于枝条低处及高处进行冬季修剪。可剪除第一年长出的老枝。

铃木栽培秘笈

请摘除独自长出的大苗新芽

较晚进行冬季修剪的植株，待4月气温开始回升，可能会出现新芽不集体生长，而是一个单芽独自生长，形成花蕾。遇到这种情况时，请于此新芽顶端5～10厘米处进行摘心。

只有一个单芽先行生长，植株的营养会被该芽吸收，导致其他芽变得虚弱。芽的生长一旦出现落差，植株整体视觉效果就会失衡。因此，请将生长过快的新芽摘除。若修剪不彻底，数日后还需进行二次修剪。

独自长出的新芽。

于新芽顶端5～10厘米的位置摘除。

夏 至 秋

到秋季为止进行2～3次摘心。

秋 至 冬

摘除9月后的花蕾，让植株结实茂盛，提高抗寒性，保障其顺利过冬。

第二年 翌年

冬

冬季修剪是将新梢剪至约1厘米高，其余枝条则稍做修剪。

第四年

春

开出第一轮花，同时长出直径约1厘米的粗笋芽，故须进行摘心。

秋 至 夏

于8月前完成新梢的摘心，让之后长出的枝条开花。

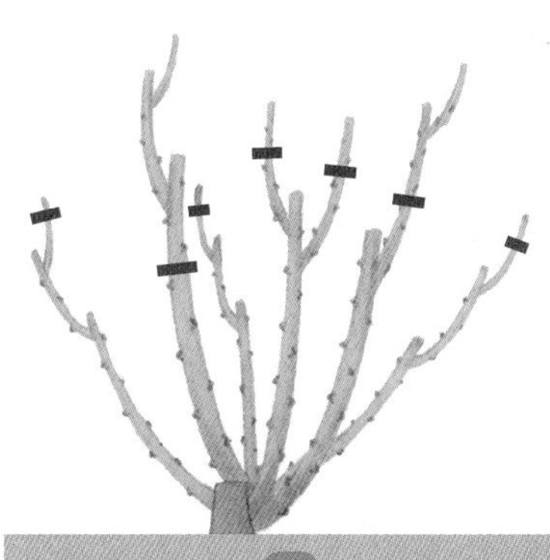

冬

利用冬季修剪将高约1.2米的笋芽稍微修短。至此，月季几乎已是成株。

日常养护③

抹芽 去除不需要的芽

月季在早春会大量发芽，通常一个分枝节点会发育3个芽。但在不同的环境条件下，芽的发育情况也有差异。若中间芽发育较好或3个芽同时生长，则留下中间芽，摘除其余2个芽；若中间芽受外界条件影响而变弱，另外2个芽持续生长，则应选留1个状态好的芽，其余均摘除。

抹芽一般在新芽开始生长时进行，但古代月季及原生种不须进行抹芽。除新芽，不定芽及砧木芽也须抹芽。请观察植株的生长状况，随时进行抹芽。

抹芽的方法

抹芽时请用指腹轻轻捏压芽的基部就能摘除。若用指甲，切口处易混入杂菌。

1 长出3个芽，故要将两侧的芽摘除。

2 用指头捏住芽❶的基部，轻轻施压后摘除。

3 用相同方法摘除前面的芽❸。仅保留结实的芽❷。

若将❶去除，❷会变得更粗

◈若不抹芽…

- ☐ 枝条会变细
- ☐ 若是杂交茶香月季，花会变小
- ☐ 若是一茎多花的品种，开花状况会变差
- ☐ 枝条紊乱，日照、通风会变差

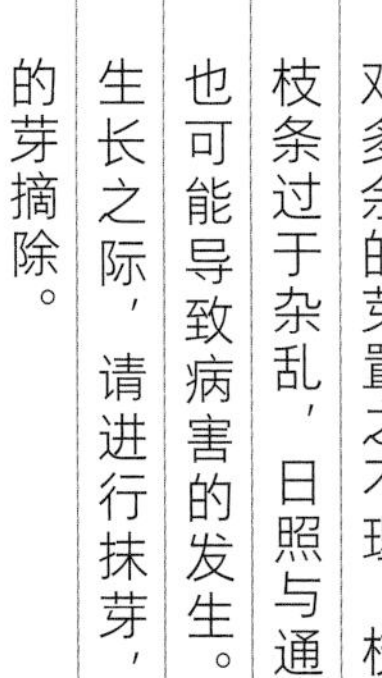

对多余的芽置之不理，枝条会变细。枝条过于杂乱，日照与通风会变差，也可能导致病害的发生。新芽开始生长之际，请进行抹芽，将不需要的芽摘除。

不定芽的抹芽方法

月季偶尔也会在叶腋以外的地方冒出芽，这种芽被称为不定芽。形成不定芽的原因有很多，也可能是修剪所致。下图中的枝条长出许多不定芽，若养分不足，所有的芽都会发育不良。此时，只留下枝条顶端的一个芽，其余全部摘除，否则都会发育成细枝条。

1 长出多个芽会浪费养分。

2 摘除枝条上不需要的芽。

3 只留下顶端的一个芽。

铃木栽培秘笈

因低温而停止生长的芽，其依附的枝条顶端不需要切除

芽开始生长后，若中间芽因低温而停止生长，有人会从芽的下方将枝条切除，其实不应该这样做。这个时期树汁上流，切除枝条会导致树汁外流。植株为了修复损伤会消耗体力，会导致生长势变慢。不切除枝条，而应进行抹芽，使其保留一个芽，之后顺其自然地生长即可。

❶是已经停止生长的芽，叶片变得没有生气。旁边的2个芽（❷、❸）还持续生长。

有人会从红线位置将枝条切除，其实没有这个必要。先决定❷和❸要留下哪一个，再将其余2个芽去除。

砧木芽的抹芽

培育嫁接苗时，会从嫁接处下方长芽。从砧木长出的芽即砧木芽。砧木芽会抢走从根部吸取的养分及水分，导致接穗生长欠佳。因此，一发现砧木芽请立刻摘除。

▲ 砧木芽。小砧木芽也须摘除。

日常养护④

摘除花蕾

长时间赏花的技巧

月季栽培过程中，有时会在花蕾期进行摘蕾。为了长时间欣赏月季，不只要使其开花，同时还须关注植株的健康状况。这便是摘蕾的目的。

常有一条花枝结多个花蕾的种类，如让杂交茶香月季所有花蕾开花，花朵会变小，因此须减少花蕾数量，将植株下方的花蕾全部摘除。花蕾的数量一旦减少，养分便会集中，进而绽放硕大的花朵。

若要让许多花枝一同伸展，花朵一同盛开，请摘除2成左右的花蕾，以调整开花状况。花朵一起绽放会消耗植株体力，导致下次开花状况不佳。花蕾在隐约可见时摘除，约1周后可再次开花。一点一点地调整开花时间，即可长久享受赏花乐趣。

新苗的摘蕾

摘蕾的适宜时期是花蕾直径达1.5厘米左右时。过早摘蕾，摘除后花枝仍会持续伸长，请选择适当时机进行摘蕾。

1 6月上旬，新苗换盆后约40天，花蕾变大。

2 避免用指尖划到茎干，用指腹摘除花蕾。

3 不可硬扯，而是弯折花蕾下方部分并将其摘取下来。

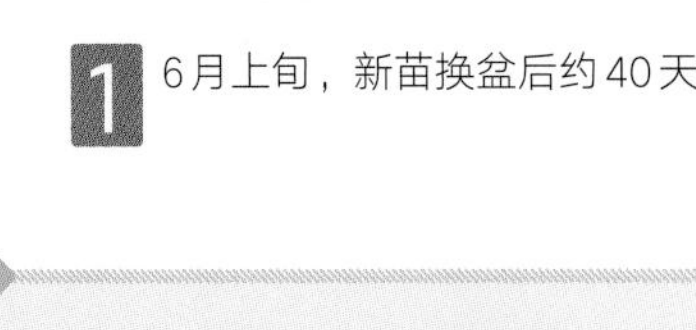

◈ 摘蕾的主要目的

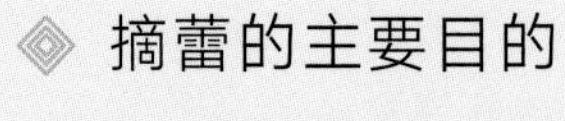

- □ 避免长出笋芽
- □ 避免开花，保持植株体力
- □ 调整花期，以长时间赏花
- □ 有助于尽早从病害中复原

盲枝的抹芽

春季开始生长的枝条中，有的花芽会中途停止生长，这种枝条被称为盲枝，即停止开花、回归营养生长的枝条。

盲枝发生的起因多为日照不足及剧烈的温度变化。此外，植物中的养分或水分过多也会导致枝条回归营养生长。

出现盲枝，表示植株考虑到自身的营养状态，自行停止生殖生长。若植株营养状态及生长条件良好，则会长出新芽。若切除盲枝，叶片数量会减少，影响开花方式及植株生长，因此不要修剪，待新芽萌发后进行抹芽即可。

1 芽停止发育，叶片却持续生长的盲枝。约1周后会从箭头所示部位长出新芽。

2 长出2个腋芽的状态。摘除其中1个芽，培育保留的芽。

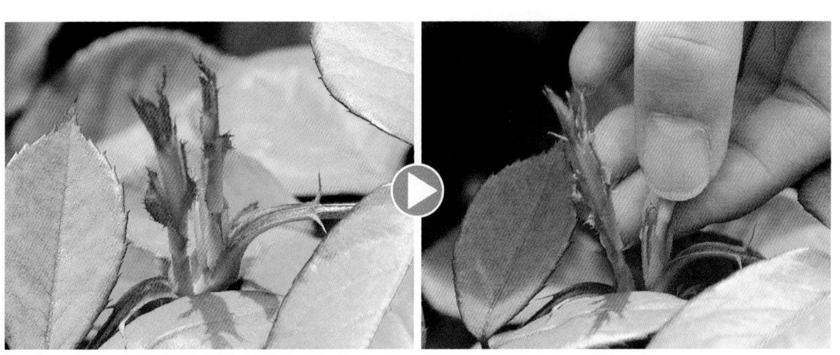

Point

若有2个芽发育时，请将较虚弱的芽摘除。

铃木
栽培秘笈

幼苗期可分为繁花盛开期及避免开花期

新苗或大苗栽种后，请于9月左右进行摘蕾，以促进叶片生长。或许你会认为摘除好不容易长出的花蕾很可惜，其实不然。尚处幼苗阶段，使其开花反而比较可怜，因为开花需要消耗植株体力，导致其生长变慢。增加叶片，促进光合作用，培育健壮的植株才是第一要务。但是，若过了9月尚未摘除花蕾，则顺其自然开花，开花及留存大量叶片可提高植株的抗寒性。

日常养护5

花后修剪
再次绽放花朵

若对残花置之不理，月季会结果，消耗养分，因而无法再次开花。四季开花型及重复开花型品种需及时进行残花的修剪。

花后修剪若太晚进行，可能会造成枝条进入假性休眠状态，进而导致月季不再长新芽，自然无法再次绽放美丽的花朵。为了使其反复开花，延长赏花时间，应尽早修剪残花。此外，修剪下来的残花，请务必集中处理。弃置在庭院或盆器内，可能引发灰霉病与蓟马等病害虫。

野生种、一季开花型月季、部分古代月季的栽培目的多是为了欣赏果实，因此花后不修剪也无妨。不过花后修剪还可以防治病虫害。

◈ 花后修剪的主要目的

- □ 培育新的花芽
- □ 保留大量叶片
- □ 修整树形
- □ 防治病虫害
- □ 秋季时进行是为了消除病害

残花，指盛开后凋零的花朵。通过修剪残花，促使四季开花型月季形成下次的花芽。花凋谢后尽早修剪残花，以反复享受开花的乐趣。

一茎多花型月季的花后修剪

丰花月季这类一茎多花型月季，进行花后修剪时，可一次修剪整条花枝，也可逐一修剪残花。

➡直接修剪

开有多朵花的花枝

于花枝中间位置，5枚小叶的上方进行修剪。若没有5枚小叶，也可于3枚小叶的上方进行修剪。

➡逐一修剪花朵

单一花茎花开过后，花朵与花蕾混杂时，先逐一修剪残花，最后再修剪整条花枝。

春夏季花后修剪

春夏季花后修剪请趁早进行，花朵开始绽放就尽可能早点修剪。修剪可促进新花芽的形成。

花后修剪至下次开花的时间，会随气温变化而有所差异，通常需40天左右，若气温高时约30天，低的话则约45天。此外，修剪位置也会影响下次的开花时间。

▲ 通常是从花枝约一半高的位置进行修剪，切口下方的叶腋会长出新芽，约一个半月后绽放二次花。

▲ 一进入8月，从花茎下方长出第一片叶子的位置进行修剪。

春夏季花后修剪变化模式

1 5月中下旬，于花枝中间的5枚小叶上方进行修剪。修剪残花后30~40天月季会再次绽放花朵。

2 6月下旬至7月上旬，于花枝中间的5枚小叶上方进行修剪。修剪残花后28～30天月季会再次绽放花朵。

3 进入8月，请从花茎下方进行修剪。为了等待秋季修剪，必须保留长一点的枝条。

晚秋花后修剪

秋季（11月）的残花应从花茎正下方进行修剪。若是比11月气温略高的10月下旬，花朵下方的叶腋可能会长花芽且开花，就把它当作额外奉送的小惊喜吧。11月并非结果的时期，此时应进行花后修剪，以去除感染灰霉病的花瓣。

晚秋的花后修剪，请于花茎下方长出第一片叶子的位置进行修剪。

寒冷地带，晚秋开花是必要的

寒冷地带，晚秋也须使其开花。开花会让枝条变结实，植株不容易遭受寒害。请让花绽放，迎接本年度的结束吧。

修剪 1

修剪的基础知识

维持株型以保健康

修剪是为了去除老枝及多余枝，维持健康状态，促进繁花美丽绽放。请清楚判别欲留下的枝条及须去除的枝条，完成修剪。

修剪的必要性

月季基本上不修剪也会开花。不过，未经修剪任其开花，花朵数量会变多，但花会变小，花瓣数也会减少。为开出的花符合各品种的花瓣数、颜色、形状及香气等特征，可通过修剪限制花朵数量、集中养分。

此外，通过去除劣枝，能够促进枝条更新，让植株健壮结实。整理多余枝及杂乱枝，让植株内部也可享受阳光照射，维持良好通风，不仅能提高光合作用，同时也能起到防治病虫害的作用。

通过修剪可维持月季美丽的株型，如四季开花型月季。

修剪用具

修枝剪	MEMO 准备品质良好、选用顺手的款式（➡P18）。
锯子（大、小）	MEMO 切除枯枝、粗枝时使用。
手套、袖套、麻绳、棕榈绳	

秋季中剪与冬季强剪

➡ P126

修剪时期　夏末
（日本关东地区 9 月上旬）

仅限四季开花型月季进行，目的是替秋季花期做准备，使其开花状况良好。整体中剪（于枝条偏高位置修剪）是重点所在。

➡ P132

修剪时期　1 ~ 2 月
（月季休眠期）

为了让月季在春季盛开美丽的花朵，保持株型，维持植株健康。去除劣枝及多余枝，修剪位置较深，修剪规模大于中剪。藤本月季需比树状月季更早进行修剪，同时一并进行牵引。

▼ 从左往右依次为修枝剪、大锯子、小锯子、手套、麻绳、袖套。

月季修剪的关键技巧

于上一年切口上方约5厘米处修剪

每年持续维持健康状态的枝条，请从上一年修剪的切口上方约5厘米处进行修剪。修剪时虽然会留下几个芽，但有的品种在适当位置并没有发芽，此时也可修剪得比5厘米还长。新梢的修剪，基本上与整体高度看齐，但考虑到第二年、第三年的修剪位置，可修剪得稍短一些。

❶在上一年的切口上方约5厘米处修剪。切口要漂亮。

❷上一年修剪的切口。

让修剪后的切口利落美观

切除枝条时，请用修枝剪水平修剪。也可在芽的上方5厘米处，与芽的走向平行修剪，但也不必过于拘泥。

尽量选用锋利的修枝剪，让修剪后的切口利落美观。修剪粗枝条时，让修枝剪的利刃稍微倾斜会比较容易修剪，但是勉强使用修枝剪，可能会让切口显得粗糙干燥，建议用锯子锯断。

Point 外芽与内芽

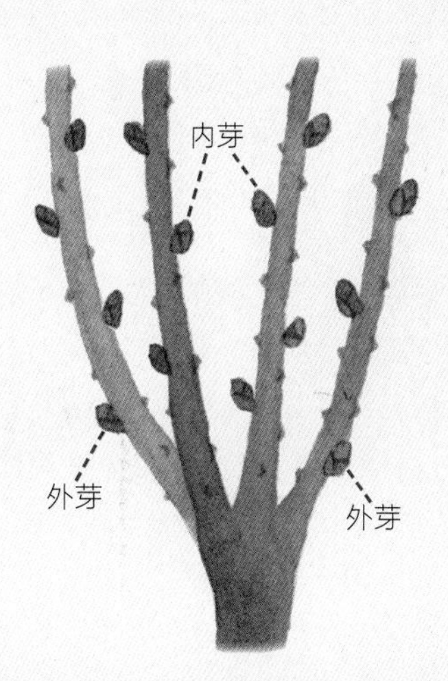

枝条上的芽，朝植株内侧生长的为内芽，朝植株外侧生长的为外芽。

矮丛月季属于直立型品种，请尽量于外芽上方进行修剪。但枝条横张型品种，外芽与内芽生长不均衡，开花时会产生差别。此外，直立型品种即使修剪外芽，其下方的芽也会朝内侧冒出来，让中心变得杂乱。此时，请用抹芽（➡P116）等方法来调整。

铃木栽培秘笈

仔细揉搓皮革手套使其更合手

月季养护不可或缺的工具是手套，建议挑选锐刺不易刺穿的皮革手套。越用会越软、越合手，捆绑线绳也变得容易。

新的皮革手套，先泡水，不拧干，使其自然风干。这么做，手套变干时虽然会变得较为松垮，但仔细揉搓后会变软，让皮革手套变得更合手。

手套可以保护双手不被月季刺伤，尽量挑选可长久使用的优质产品。

修剪②

秋季中剪

通过预测秋季花期来决定

月季秋季最理想的花期（日本关东地区）是10月中旬至11月上旬。从修剪到开花约需一个半月以上，因此秋季修剪最适时期是9月1～10日。日本关东东部许多地方在11月15日前后会开始降霜，若过晚修剪，花可能还没盛开，冬天就来了。最迟请在9月中旬前完成修剪。

反之，在8月进行修剪，因尚处高温季节，剪后约1个月就会开花，即9月中旬花就会绽放。在这种情况下生长期过短，花无法开得很漂亮。但也要视品种而定，有的品种在8月25日前后不修剪则无法开花。

气温变化随地区及气候条件而有所差异，请根据所在地选择适当的修剪时期。

秋季中剪是为了让月季在花期一齐漂亮绽放。基本上，此时需修剪的只有四季开花型品种，对叶片健康繁茂的植株进行修剪。

秋季中剪的适宜时期

中剪前，请持续每天浇水以免枝条休眠，维持容易长出许多新芽与新梢的状态（持续浇水的植株，修剪后容易长出新芽）。

不同修剪期对花期及开花状态的影响

修剪期	9月中下旬以后	9月上旬（适宜时期）	8月中旬
花　期	2个月以上	1.5~2个月	1个月
开花状态	温度下降，日照时间减少，花蕾无法开花	秋季的花，花朵和叶子硕大，花色也变得鲜艳	高温期花小，且花色欠佳

要趁早修剪的品种

有的品种在修剪前比其他品种的花芽长得慢，请在8月25日左右进行修剪。需趁早修剪的品种如下：

- ‘我的花园’
- ‘卫城浪漫’
- ‘伊豆舞娘’
- ‘粉豹’

Point 叶片掉落的虚弱植株不应进行秋季中剪

夏季会掉叶片的植株，可能感染了黑斑病等病害，植株变得虚弱。这类植株不应进行秋季中剪，而应进行为避免植株更加虚弱的应变修剪。适合修剪的时期以早于8月中旬为佳。修剪要诀在于弱剪。仅修剪柔软枝条的前端，且最多剪掉20厘米左右即可。接着再将长出的芽摘除。开花会让植株变得虚弱，因此要摘除花蕾，以利于叶片增长。

秋季修剪的六大基本要点

1 修剪叶片繁茂的植株

叶片掉落的植株，有不少是因病害而虚弱的植株。因此基本上以叶片繁茂的健壮植株为修剪目标。

2 修剪生长中的枝条

切口干燥发黑的枝条，是停止生长的枝条。这类枝条不须处理，仅修剪朝植株外侧持续生长的枝条即可。朝内侧生长的枝条，则维持原状。

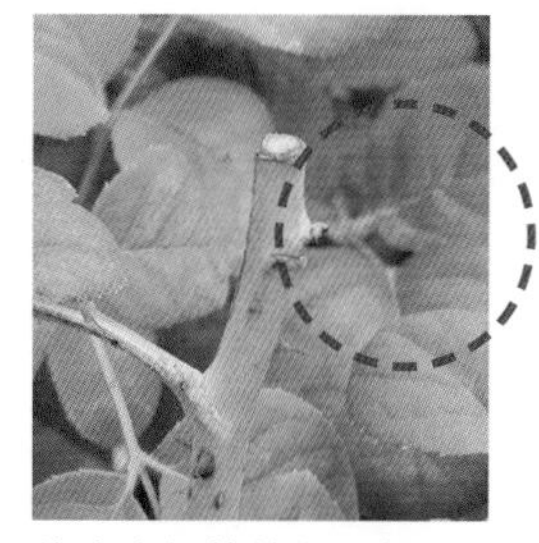
停止生长的枝条，切口变黑。因干燥及花后修剪较晚，使枝条呈现休眠状态。

3 修剪二次花或三次花的枝条

考虑到株型及株高，开过二次花或三次花的枝条也予以修剪。深剪会让花芽的生长时间变长，使其在开花前迎接冬季。已经结果的枝条，也可只摘除果实。

枝条的修剪位置。依据株高修剪二次花或三次花的枝条。

4 不保留新芽

为了让秋季的花以秋季形成的芽来绽放，应先将新芽摘除，并在修剪过程中不保留枝条上鼓起的芽，于该芽下方进行修剪。若保留修剪时期萌发或开始生长的芽，月季就会提前开花。

5 不须在意外芽及内芽

修剪枝条时，不需要在意该芽是外芽还是内芽。倒不如让内芽与外芽均衡地保留，使整株月季开满花朵。

6 让整个植株都能接受日照

修剪成前低后高的形式，让整个植株都接受日照。360°均可观赏的植株，则修剪成外低内高的形式，让植株内侧也可接受日照。

秋季修剪的范例

下面举例介绍庭院栽培的大苗以及盆栽新苗的秋季修剪。幼株的秋季修剪，只需修剪欲使其开花的枝条，其余枝条只进行摘蕾；修剪后的枝条只需保留一个花蕾。

修剪档案

株型：矮丛月季

系统：杂交茶香月季

年数：栽培第三年

品种　第一次脸红

两株并排的同一品种植株。偏上方开有花朵的枝条绵延生长。

右侧是经修剪的植株。秋季修剪的重点是在较高位置修剪。

秋季修剪的重点

柔软枝条予以强剪，且不需要在意外芽或内芽。

修剪档案
株型：灌木月季
系统：英国月季
年数：栽培第三年

品种 瑞典女王

英国月季中，有的品种可进行秋季修剪，有的则不能。此外，在未发芽的状态下修剪会无法开花，因此这类植株不必进行秋季修剪。

修剪前 所有植株皆为相同品种。不必修剪埋藏在植株内的枝条，仅修剪植株外侧较弱的枝条。

修剪后 左侧是经修剪的植株。考虑到观赏角度（前方），修剪成前低后高的株型。

翌年的冬季修剪 P146

修剪档案

株型：矮丛月季

系统：杂交茶香月季

年数：换盆后约4.5个月的新苗

品种 婚礼钟声

修剪模式 1

盆栽

替4月换盆后置于阳台的新苗进行修剪。由于放置在阳台这类有限的空间，故修剪成高度约60厘米的小巧株型。

修剪前

先用植株中心的枝条来决定高度，再以此为基准，修剪成平整的高度。

修剪后

枝条高度修剪得整齐一致。向外延伸的枝条也予以修剪。

翌年的冬季修剪 P135

秋季修剪的重点

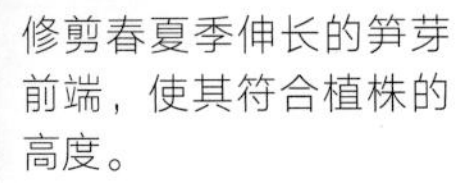

修剪春夏季伸长的笋芽前端，使其符合植株的高度。

花枝一旦生长，花会在高100～120厘米的位置绽放。

修剪模式 2

庭院栽培

对4月换过盆，预计9月栽培于庭院的新苗进行修剪。庭院栽培的月季相对高一些，因此修剪成约1米高，同时考虑到花的观赏角度而使株型前低后高。

修剪前 在4月换过盆的新苗，已长至约120厘米高。

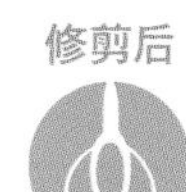

修剪后 留下约成人拇指粗细的枝条作为主枝，整体修剪成约1米高。持续生长2～3年后，可长至150～160厘米高。

翌年的冬季修剪 P135

修剪档案

树形：矮丛月季

系统：丰花月季

年数：换盆约4.5个月的大苗

品种 小特里亚农宫

修剪前 4月下旬换过盆的大苗，打算继续种在目前的8号盆并进行修剪。

修剪后 修剪以硬枝高、软枝低、粗枝高、细枝低为原则。修剪至约70厘米高，花会在高100～110厘米处绽放。

翌年的冬季修剪 P137

修剪③

冬季强剪
在春季新芽开始活动前

冬季修剪的目的是限制花量，使其在春季绽放美丽的花朵，同时也是为了打造当年与翌年的株型。请去除多余枝条，让植株维持健康状态。

枝条过多会分散植株体力，使月季无法绽放美丽的花朵。冬季修剪最重要的是判别多余的枝条及欲保留的枝条，减少枝条数量。秋季没开花的枝条、柔软的枝条，属于不必要的枝条，请从基部剪去。秋季开过花的枝条以及红色枝条上生长的枝条需要留下来。秋季开花后，接触寒风转为红色的枝条是健康的。修整不必要的枝条，以上一年的修剪位置为基准，将高度修剪整齐。

芽开始生长前为冬季修剪的最适时期，最迟在2月底前完成。由于藤本月季的修剪与牵引一并进行（➡P152），因此请于12月底至翌年2月进行。

冬季修剪的主要目的

- □ 限制花量，使其绽放漂亮的花朵
- □ 去除不必要的枝条，让植株维持健康活力
- □ 修剪枝条，让整个植株保持良好的日照与通风
- □ 修整树形

不同月季的修剪标准

原生种

不必全部修剪，仅须修剪倾倒枝与枯萎枝。留下新梢，也不修剪新梢前端

灌木月季

半藤本且多柔韧枝的灌木月季，约修剪成一半高度

杂交茶香月季

花朵大的杂交茶香月季，约修剪成一半高度

丰花月季

会开很多花的丰花月季，从枝条前端修剪至1/3~1/2的高度

微型月季

约修剪成一半高度。中心略高、外侧略低，让植株呈现浑圆状

冬季修剪的五大基本要点

以杂交茶香月季‘第一次脸红’为例，解说冬季修剪的重点。秋季修剪（➡P128）过后约4个月的状态。

1 一开始先整理枝条

枯枝及细弱枝都不需要留着。枝条杂乱处，仅留下健康强壮的枝条，其余都剪掉，以减少枝条数量。保留秋天开过花的枝条。不必要的枝条请从基部进行修剪。

冬季修剪的重点

树皮变红的枝条是健康的，应保留下来。

修剪前 4年生植株。花茎长至2米以上。

老枝与粗枝较多，建议用锯子修剪。

修剪中 枝条修剪完的状态。阳光可照射进植株内部。

2 基本修剪原则是保留2~3个芽

将上一年生长、春季开过一次花的枝条修剪至约5厘米的长度（留2~3个芽）。部分品种的枝条偏下方位置不会长芽，当欲下刀的地方没有芽时，则于稍微偏上的位置进行修剪。修剪时，于芽的上方约5厘米处下刀。

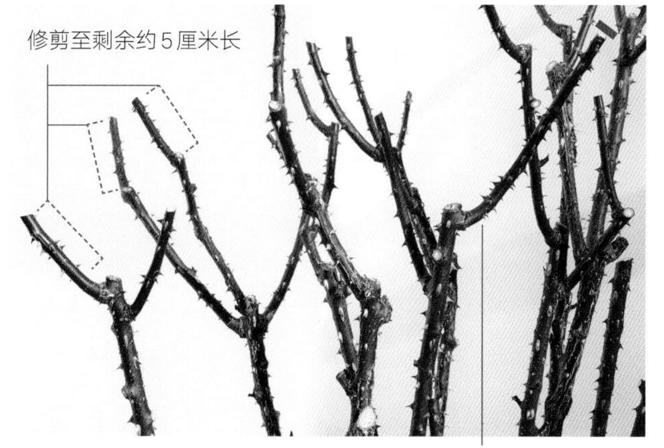

此枝条偏下位置没有萌发新芽，故于略高位置进行修剪。

3 通过观察整个植株来决定修剪位置

粗枝条、硬枝条、较早长出的枝条，于偏高位置修剪（弱剪）；细枝条、软枝条、较晚长出（9～10月左右）的枝条，则于偏低位置修剪（强剪）。将庭院栽培的植株修剪成前低后高的株型，让日照及通风变好。

于偏高位置修剪为弱剪，于偏低位置修剪为强剪。

4 新梢修短

考虑到第二年、第三年的修剪，请预先将新梢剪短一点。尤其是不会培育过大的盆栽植株，修剪成低矮状态为佳。

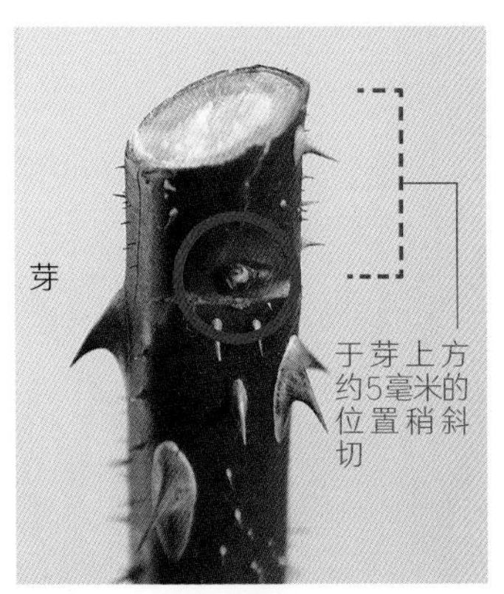

直立品种利用外芽（➡P125）来修剪，修剪后下方的内芽会生长，此时可利用抹芽来调节。

5 修剪后将叶片全部摘除

叶片基部与托叶会有病原菌和蚜虫、叶螨等虫害附着越冬。为防治病虫害，请将修剪后植株的叶片全部摘除。

修剪后

修剪完成的状态。叶片全部去除。

右侧是相同品种修剪前的植株。可看出左侧植株约剪成一半的高度。当花枝生长至1米左右会开花，之后再利用花后修剪来调节高度。

冬季修剪的范例

庭院栽培与盆栽的修剪方式有所差异。庭院栽培月季可保留较多枝条，于较高位置修剪；盆栽月季则应修剪得精简小巧。

修剪档案

株型：矮丛月季

系统：杂交茶香月季

年数：换盆后约10.5个月的新苗

品种 婚礼钟声

庭院栽培

修剪前

上一年4月换盆的新苗，预计于秋季栽培于庭院（秋季修剪➡P130）。将枝条全部剪除，植株不会变大。要使其于春季开花，则只修剪之前剪过的枝条，剩余的枝条摘除花蕾。

修剪后

由于还不是成株，为使其叶片增多，保留较多的细枝。修整枝条后，为了预防病虫害，将叶片也一并去除。

成长的样貌（春天）

1月上旬修剪后4个月，5月上旬的样子。

盆栽

修剪前

上一年4月换盆的新苗。长至100～120厘米，枝条结实地发育。因属杂交茶香月季，故修剪细枝，留下直径约8厘米以上的枝条。

修剪后

高度修剪至约1/3，叶片也全部去除。因是盆栽，故修整成低矮的状态。

盆栽月季的冬季修剪

比起庭院栽培的月季，盆栽月季的枝条通常比较细，植株寿命也较短。因此，管理重点在于细心呵护每条枝，长时间享受赏花乐趣。

修剪档案

株型：矮丛月季

系统：丰花月季

年数：晚秋的大苗

品种 梦幻之夜

9月底开始上市的大苗，到了晚秋会长出叶片。将长出新叶的枝条修剪至约1厘米。到了春季会从枝腋发出新芽。

长出新芽，带有叶片的大苗。

将秋季长出的芽剪掉。

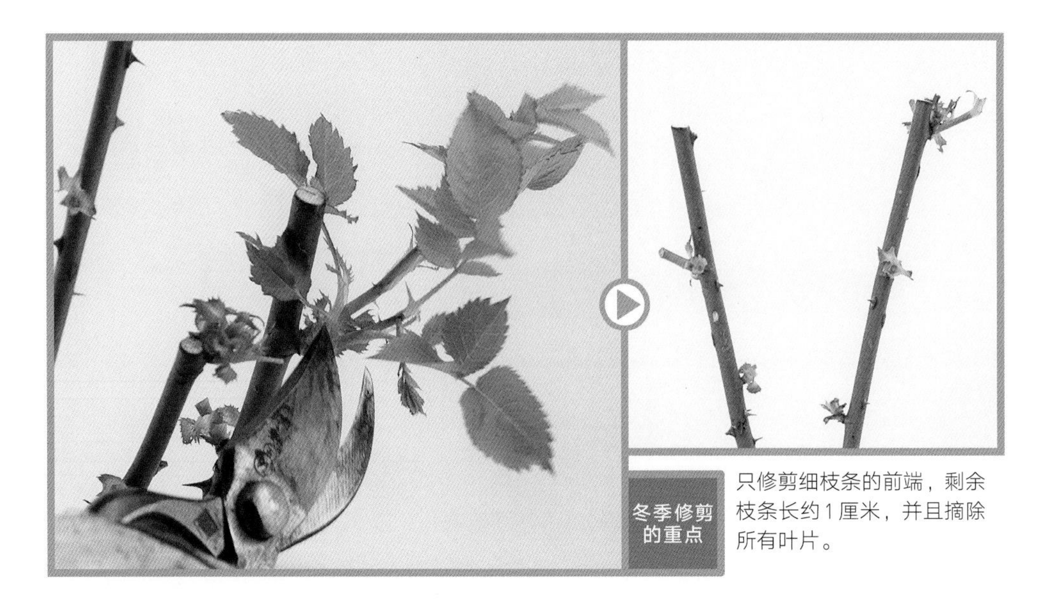

冬季修剪的重点

只修剪细枝条的前端，剩余枝条长约1厘米，并且摘除所有叶片。

修剪档案

株型：矮丛月季

系统：丰花月季

年数：换盆后10个月的大苗

品种 小特里亚农宫

与从新苗开始生长的植株不同，长有上一年留下的枝条。一直种在8号盆，因此将其枝条修得高一些，使其与庭院月季以相同的状态绽放花朵。枝条历经多年变得较细，故须再做细微的修剪。

修剪前 此品种是弱剪后会开许多花的类型。

修剪后 有别于一般小型盆栽，是让许多枝条朝外生长的修剪方法。

冬季修剪的重点 枝条修高一些，使其如同庭院月季般大量开花。

修剪档案

树形：矮丛月季

系统：丰花月季

年数：换盆后10个月的新苗

品种 淡粉红吸引力

上一年4月下旬换盆并培育的植株，全都是上一年的枝条。若是杂交茶香月季，保留粗8厘米以上的枝条，但对于丰花月季，6厘米以上的枝条也应保留。

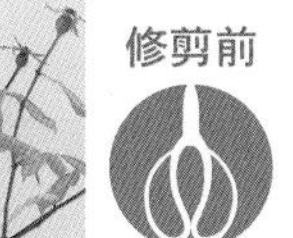

修剪前 虽然有许多枝条，但都是上年生长的枝条。

修剪后 保留多数枝条，使花朵能大量盛开。

冬季修剪的重点 枝条于偏高处修剪，可使其如庭院月季般绽放大量花朵。

幼苗期的冬季修剪

虽然视品种而有所差异，但大多数月季从新苗、大苗长至成株约需3年。这段时间为了使其增生大量叶片，以利光合作用，请于偏高的位置进行修剪，细枝条也予以保留。

修剪档案

株型：矮丛月季

系统：杂交茶香月季

年数：栽培第二年

品种　热　情

虽然是生长迅速的品种，但由于尚处幼苗阶段，故使其大量增生叶片。修剪目的是为了让植株结实强健，故先修整不必要的枝条，再对其余枝条进行弱剪，使其长出叶片。

修剪中

不必要的枝条修剪后的状态。细枝条还有用处，故予以保留。

修剪前

使植株长出许多叶片，并且保留细枝条。

修剪后

整体弱剪，保留多数枝条。摘除叶片。

修剪档案

株型：矮丛月季

系统：英国月季

年数：栽培第二年

品种　黄色纽扣

尚处幼苗期，故仅进行简单修剪。一进入春季，只让一条枝开花，摘除其余枝条的全部花蕾，有助于促进植株生长结实。

修剪前　尚处幼苗期，故保留不少枝条，并使其于高处长出许多叶片。

修剪后　不减少枝条数量，细枝条也要保留下来。

成长的样貌（春天）

1月上旬修剪过后约4个月，5月上旬的样子。

修剪档案

株型：矮丛月季

系统：丰花月季

年数：栽培第三年

品种　宇　宙

此品种若给予大量肥料与水分，经过3年就足以长至成株。但由于没有急速生长的必要，所以施肥较少，将株高控制得稍矮一些。未来1年左右还有必要让植株长出许多叶片，因此即使是第三年，仍保留长枝条与大量叶片。春夏季摘除花蕾，减少花量，让植株长大。

修剪中　不必要的枝条修剪后的状态。保留细枝条，仅修剪植株基部杂乱的枝条。

修剪前　虽然是第三年，但植株不高，同时使其生长许多叶片。

修剪后　虽是丰花月季品种，但目前仍须使其生长许多枝条，因此弱剪即可。

修剪档案
株型：矮丛月季
系统：英国月季
年数：栽培第三年

品种　宁　静

此品种未经3年无法长至成株，因此目前尚属发育中的植株。为了让植株生长结实，于略高的位置进行修剪，同时剪除细枝。保留3条左右主枝，作为增生叶片的枝条，且预使其生长至约1米高，故于略高的位置下刀。

修剪前　历经两年，接近成株。

修剪后　为了培育长有许多叶片的植株，于枝条偏高处修剪笋芽。

冬季修剪的重点　保留3条左右主枝，并将细小枝条剪掉。

成长的样貌（春天）

1月上旬修剪过后约4个月，5月上旬的样子。

修剪④

杂交茶香月季

^修剪实例^

杂交茶香月季的新梢难更新品种以及树状月季的修剪实例。一般来说，将杂交茶香月季株高修剪至约一半。

修剪档案

株型：矮丛月季

系统：杂交茶香月季

年数：栽培第四年

品种 桑格豪森的喜庆

横张型且新梢不会更新的品种。栽培多年后长出劣枝，故须从植株基部将劣枝剪除。分枝多虽有助于开花，但枝条过多会让花朵变小，为了绽放大型花朵，须缩减枝条数量。横张型品种，若只保留外芽，枝条会逐渐朝外扩张，因此内芽也须保留。通过修剪营造良好的通风与日照条件（外芽、内芽➡P125）。

修剪中 剪除生长衰退的枝条。花枝粗细约8厘米，不够粗的枝条予以修剪。

修剪前 摘除腋芽能让株型更简洁。不必要的枝条一长出来就予以摘除，可让修剪更轻松。摘除腋芽也可让通风变好。

修剪后 因属横张型品种，故不摘除外芽，内芽也保留，弱剪之余也须兼顾平衡。细枝修短。

修剪档案

株型：矮丛月季

系统：杂交茶香月季

年数：栽培第三年

品种 爱莲娜

树状月季。为使其长至成株，将初期保留至今的长枝条剪除。修剪后的枝条宛如坚实的骨架。由于种在日照良好的场所，故修剪成中心高、周边低的株型。若限制枝条数量，并维持植株健康，自然能让花朵开得更大。

修剪前 幼苗期，为了让植株结实生长并增生许多叶片，故保留长长的枝条。

修剪后 将保留至今的长枝条剪短，变成接近成株的株型。

铃木栽培秘笈

长有许多侧枝时，请控制保留的枝条数量

冬季修剪的基本做法是修剪上一年的花枝。但当粗枝长出许多花枝（侧枝）时，若留下所有枝条，会导致植株体力分散，较难培育成结实的植株。花枝太多时，必须限制枝条数量。

请根据长有花枝的枝条粗细来决定枝条数量。从结实的粗枝条长出的花枝，留下3条也没问题；从细枝条长出的话留1条；从中等粗细的枝条长出的话则留2条。需要剪掉的枝条，请从基部剪除。留下来的花枝，修剪至剩余约2个芽的程度。

修剪 5

丰花月季

<修剪实例>

修剪档案	
株型：矮丛月季	品种　伊豆舞娘
系统：丰花月季	
年数：栽培第四年	

直立型且新梢会更新的品种。丰花月季在修剪时，会比杂交茶香月季保留更多枝条。

上一年开过花的枝条当年也会再开。一旦枝条过多，须留意植株体力分散的问题。

修剪前

由于容易长出新梢，若是停止生长的枝条、树皮没变红的枝条，即使粗壮结实也要剪掉。

修剪中

不必要的枝条修剪后的状态。保留粗细适中的枝条。

修剪完成后株高约为原来的一半，并呈现前低后高的株型。

丰花月季的修剪实例。修剪丰花月季时，为了让花径变小，请保留较多的枝条。株高则差不多是修剪前的1/2～2/3。

粗枝条若用剪刀硬剪容易腐烂，建议用锯子切除。

冬季修剪的重点

腋芽深剪。直立型品种基本上是在外芽下刀，但不须过于讲究。

修剪档案

株型：矮丛月季

系统：丰花月季

年数：栽培第四年

品种 尤里卡

属于横张型，花为月季里少见的亮橘色，是边开花边长大的特殊品种。

修剪前 花量逐年增加。因抗寒性强，在凉爽地区的夏季更容易开花。

修剪后 修剪后株高为原来的约1/3。之后摘除全部叶片。

修剪中 不必要的枝条修剪后的状态。

铃木
栽培秘笈

没有修剪过的植株，先修剪成一半高度

冬季修剪的基本原则是修剪上一年生长、春季开过一次花的枝条。但至今从未剪过的植株或上一年没有修剪的植株，不可参照此原则。上述情况的植株，约修剪成原株高的一半，使其重新生长。

修剪 6

灌木月季 ＜修剪实例＞

英国月季等灌木月季的修剪实例。修剪英国月季时，要将株高修剪至一半。控制枝条数量，使其绽放硕大的花朵吧！

修剪档案

株型：灌木月季

系统：英国月季

年数：栽培第四年

品种 瑞典女王

若枝条修剪过度，长至成株需要花更多时间，因此幼苗期不进行一般的修剪，细枝条也予以保留。下图中的植株是栽培的第四年，当年开始要整理细枝条，为成株做准备。粗2厘米左右的新梢以后会持续生长，故修剪位置再低一些。

修剪中

不必要的枝条修剪后的状态。粗2厘米的新梢，到了秋天还残留足够的叶片，故堪称具有潜力的枝条。预计将株高修剪成原来的一半。

修剪前 充分适应土壤，株高持续延伸。为了培育植株，细枝条至今一直留着。

修剪后

株高修剪成原来的一半。对结实的新梢来说，考虑到以后的修剪，于比一般枝条低20厘米左右的位置下刀。

成长的样貌（春天）

1月中旬修剪后约4个月，5月上旬的样子。

修剪档案
株型：灌木月季
系统：英国月季
年数:栽培17～18年的成株

品种 帕特・奥斯汀

此品种的花不大，因此粗约7厘米的细枝就可以开花。但枝条数量过多过细会让花变小，故须限制枝条数量，让花开大一点。

英国月季四季开花，故参照其他四季开花型月季修剪。'安蓓姬'也可参照相同方式修剪。

植株结实健壮，可绽放大型花朵。

株高修剪至约一半高度。从基部剪除枯萎的枝条，让植株中心也可以享受充分的日照。

修剪档案
株型：灌木月季
系统：英国月季
年数：栽培17~18年的成株

品种 格拉汉托马斯

第一次修剪若处理得利落，下一年开始，就能参照完成漂亮的修剪。

'格拉汉托马斯'因接近藤本月季，若每年强剪，蔓性会较为稳定。由于英国月季的花瓣不多，故8厘米左右的细枝条也将保留下来。

修剪后 稍微加强修剪，完成矮丛月季般的株型。

修剪前 具有中途生长新梢的习性，枝条显得紊乱。

修剪⑦

古代月季与原生种

＜修剪实例＞

古代月季与原生种的修剪实例。一季开花型的品种，3年修剪1次也无妨。基本上，仅修剪下方倾倒的枝条即可，枝条前端不修剪。

修剪档案

株型：灌木月季

系统：古代月季（苔蔷薇）

年数：栽培17～18年的成株

品种　雷纳·安茹

老枝附着于地面，并向上长出新梢，故须将依附在地面上的枝条剪除。无法判别时，只要剪除最下面的枝条就可以了。上一年保留下来的枝条，无须过于在意。苔蔷薇、大马士革蔷薇、百叶蔷薇、波旁月季等古代月季中的一季开花型系统，也是参照此方法修剪。

修剪前　老枝附着于地面，从中长出新梢。

修剪后　切除横倒的枝条，不剪除往上伸长的枝条前端。全部摘除枝条上残留的叶片。

冬季修剪的重点　附着于地表的枝条，于笋芽前方下刀。

成长的样貌（春天）

5月上旬的样子。

修剪档案

株型：灌木月季

系统：古代月季（波旁月季）

年数：栽培17～18年的成株

品种 莫梅森的纪念品

因属四季开花型，故修剪方式可参照丰花月季。为了避免枝条太多导致长势衰弱，应限制枝条数量，包括花枝。波旁月季须每年修剪，否则无法让株型变漂亮。

修剪前 即使没有修剪残花，枝条依然持续生长，四处乱窜。

修剪后 株高修剪成约一半。减少枝条数量，让植株基部也可以接受日照。

成长的样貌（春天）

5月上旬的样子，之后会开花。

冬季修剪的重点

修剪成约一半高度，同时考虑到株型，让中间的枝条较长，外侧的枝条较短。

修剪档案

株型：灌木月季

系统：原生种

年数：栽培17～18年的成株

品种 月月粉

四季开花型的新梢更新品种。成株枝条如藤本月季般伸长，株型容易显得杂乱，故须修剪，让阳光能够照射到植株基部。因属直立型，故在外芽下刀，使其向外生长。

修剪前 枝条杂乱无章，日照无法到达植株内部。

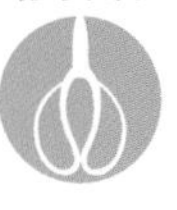

修剪后 变成修剪前的一半高度。经过修剪让阳光能够照射到植株基部。

成长的样貌（春天）

5月上旬的样子，绽放许多花朵，保留下来的花蕾也开了花。

修剪档案

株型：灌木月季

系统：原生种

年数：栽培17～18年的成株

品种 犬蔷薇

可以收获蔷薇果的月季。野生月季不修剪枝条前端，使其呈现枝条自然弯垂的野生株型。变红的枝条是上一年长出的，若只留下这些枝条，剩余枝条加以修剪，就能让阳光充分照射到植株基部，使其每年结果。

修剪前 每年只开一次花，只要给予良好日照，不施肥也能让枝条繁茂。

修剪后 只留下新梢及上一年的枝条，让阳光照射到植株基部。

修剪结果枝。于上一年长出的腋芽下刀。

冬季修剪的重点 枯萎的枝条，尽量避免用剪刀，而是用锯子切除。只留下红色的枝条。

牵引①

藤本月季的牵引 与修剪一起进行

将藤本月季的枝条攀附固定在拱门、围栏或墙面上的作业称为牵引。精心牵引的藤本月季一齐绽放，美丽壮观，气势非凡。请熟记牵引的技巧，以方便牵引顺利进行。

适合牵引的时期

牵引一般在气温下降、月季进入休眠时进行，在日本关东地区圣诞节过后是牵引最适时期。由于牵引会与修剪一并进行，若在11月就完成牵引，植株会在休眠期前萌发新芽，容易导致新芽因低温而受伤，甚至无法开花。但若太晚进行，则可能让开始生长的芽在牵引中遭受损伤。藤本月季的修剪、牵引最晚请在2月底前完成。

在牵引前去除不必要的枝条。若让叶片残留在枝条上，可能会让蚜虫与叶螨附着在叶片上越冬，因此请全部摘除。

牵引的必要工具

修枝剪

锯子

手套

袖套

MEMO 由于月季有刺，建议准备材质厚实的袖套。

麻绳或棕榈绳

MEMO 选择直径2.5厘米左右的绳子绑月季，方便打结，用于粗枝条时可打两次结。避免选用塑料绳或钢丝，应选用麻绳或棕榈绳这类会随时间腐烂的绳子。

草绳

MEMO 草绳可用来绑定会干扰作业的枝条。

干扰牵引作业的枝条，与同方向生长的枝条绑在一起，然后拉到旁边，可让牵引变得更轻松。

藤本月季的修剪与牵引五大要点

1 开过花的枝条修剪至仅剩5厘米

在枝条基部往上约5厘米处修剪。

一条枝可生长多年，最初修剪时若留得太长，慢慢变长后花朵会下垂。粗枝条可修剪得短一些，但考虑到翌年的生长状况，建议修剪至5厘米左右的长度。

2 新梢不更新的品种不须解开旧牵引

新梢更新的品种，会解开旧牵引全部重做，但是新梢不更新的品种因枝条寿命较长，故不需要解开旧牵引，直接将新枝条置于旧枝条之间，或叠放在不会开花的枝条上。多年后细枝多发，形成背阴处的枯枝也会增加，因此也可隔数年全株重新进行一次牵引。

3 牵引时绳结要打结实

绳结若打得太松，枝条容易摩擦受损。此外，叶片容易卡进支撑物与枝条之间，导致叶片脱落，对植株而言等于耗费无谓的体力。打结位置基本上间隔30～40厘米，容易生长的品种也可间隔1米左右。

绑枝条时怎么打结都可以，但请尽量使其与支撑物紧密结合。

4 牵引时避免枝条重叠，使其平整地攀附于墙面上

牵引时尽量避免枝条重叠，使其保持平整，让枝条平均地接受日照，不仅能让花开得漂亮，同时具有预防病虫害的效果。枝条与枝条之间的间隔视品种不同而有所差异，大花品种是5～10厘米，中花品种是5～7厘米，小花品种则是5厘米左右。

根据花朵大小确定枝条的间距，并尽量保持平整，让翌年的牵引工作更轻松。

5 枝条前端不修剪并使其朝上

枝条的前端柔软，一般可不修剪直接牵引，但若是因气温下降而长出的枝条，须将前端剪掉20～30厘米。此外，一般品种请务必让枝条前端朝上。若是枝条下垂的品种，则前端朝下也没有关系。

枝条前端朝上安排。

牵引②

安排在围栏上平面的牵引

普通栅栏的牵引范例。新梢不更新的品种，不解开旧牵引，从整理枝条（修剪）开始着手。先整理枝条，去除所有的叶片，再进行牵引。

修剪档案

支撑物：围栏

株高：200 ~ 300厘米

花径：中花

品种 新日出

不解开旧牵引的情况

‘新日出’偶尔会长出新梢，但基本上属于新梢不更新的品种。这类品种的枝条寿命较长，因此不需要解开旧牵引，直接将当年长出的枝条牵引进老枝或没有枝条的部分。牵引前先进行修剪，将老枝、枯枝、弱枝加以整理。‘新日出’即使比较细的枝条也会开花，因此上一年开过花的枝条也应保留。为预防病虫害，请摘除全部叶片。这类中花品种，枝条与枝条之间以5厘米左右的间隔进行牵引。

1 修剪前的观察

枝条于围栏两侧包裹生长。因已经栽培10年以上，年轻枝条越来越少。

2 修剪

过细枝以及枯萎枝，从枝条基部修剪。

残留枝条从基部往上约5厘米处修剪。切口下方会长出新芽并开花。

3 去除所有叶片

修剪后，为预防病虫害，将残留的叶片全部摘除。

4 绑住窜出的枝条

为避免因花朵重量而下垂，将往前窜出的枝条与老枝绑在一起。

5 取得开花的平衡性

为了让整个围栏都开有花朵，也可将新梢绑在老枝上。

牵引的重点 遇冷后树皮会变红是枝条结实的证明。请将这类枝条留下并牵引。

6 配置枝条

中花品种的枝条间隔为5厘米，将新梢牵引进老枝中并加以固定。

7 完成牵引

之后将逐渐向上生长的笋芽与粗枝配置在围栏下方。

成长的样貌（春天）

12月24日牵引后的植株，翌年5月上旬的样子。花枝长至20厘米左右，并结出花蕾，到5月中旬会一齐绽放美丽的花朵。

修剪档案

支撑物：围栏

株高：200～300厘米

花径：大花

品种　龙沙宝石

解开旧牵引的情况

因属中间型的新梢更新品种，故解开旧绳子重新牵引。大花品种的藤本月季，粗约8厘米的枝条会开花，太粗或太细则无法开花，因此需剪掉。枝条过多会让养分无法供给，导致花朵无法均衡、漂亮地绽放。

大花品种牵引时，请让枝条之间的间隔宽一些。过窄会只长叶片无法开花，因此请间隔5～10厘米。

1 修剪前的观察

当年梅雨季较短，夏季凉爽，因此长出许多枝条，并残留许多叶片。

2 解开旧牵引

枝条过多，故解开旧牵引重新处理。

牵引的重点　将生长方向相同的枝条整合并绑在一起，以免妨碍牵引的进行。

3 修剪

剪掉劣枝。此外，太粗或太细的枝条无法开花，因此也应剪掉。枝条粗细以8厘米左右为佳。

4 修剪完成

修剪完成后的状态。

5 思考枝条的配置

大花品种牵引时，让枝条之间的间隔宽一点。配置时须思考粗枝条的安插位置。

6 进行牵引

围栏上部的枝条也应打结固定。

枝条保持相同间隔。

枝条与围栏之间不产生空隙。

7 完成牵引

枝条位置过低，不仅日照差，也容易出现病虫害；过高则会看不到花。牵引时请顾虑到开花状况的均衡性。

成长的样貌（春天）

12月24日牵引后的植株，翌年5月上旬的样子。叶片繁茂且长有许多花蕾。

枝条裂开时如何处理

发现开裂的枝条，请立即用绳子缠绕，避免裂口持续扩大。枝条若只是纵向裂开，只要给予养分与水分，不必担心其枯萎。也可用剪成绷带状的麻布来取代绳子。

牵引③

立体的牵引

安排在花柱上

修剪档案

支撑物：花柱

株高：200～300厘米

花径：小花

品种 藤本樱霞

较粗的新梢无法弯曲，因此先将其笔直地依附在花柱上。之后从较难弯曲的枝条依次牵引，最后再将细枝缠绕到花柱上。

花柱的牵引，也可应用在锥型花架上。牵引的顺序是由下往上、由粗枝到细枝。新的品种，即使不弯曲枝条也会从植株基部开花，故不需要勉强把粗枝缠绕固定。

1 修剪前的观察

叶片遇冷而变红。

2 整理旧枝条

解开旧牵引，先理出粗枝、细枝、互相缠绕的枝条，以方便后续的牵引。

3 修剪

一边解开牵引一边修剪，春天开花的枝条从基部上方约5厘米处剪掉。

4 将粗新梢绑在花柱上

从粗枝条开始牵引。粗新梢无法自由弯曲，因此一开始先绑在花柱上。

5 进行牵引

枝条按照从粗到细的顺序，由下往上依次绑定在花柱上。

6 完成牵引

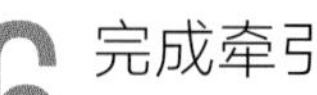

尽量避免枝条重叠，保持间隔，以相同的方向缠绕在花柱上。

牵引的重点 枝条朝外侧鼓起的部分，若于下方插入枝条会导致通风变差，故维持原状即可。

铃木栽培秘笈

绳子在枝条上绕一圈以固定

在圆筒状花柱上进行牵引时，单纯用绳子压住枝条，无法让枝条缠绕固定在花柱上。将绳子绕枝条一圈，可让枝条固定不动。此外，也可在花柱上钉几个钉子，用来辅助固定绳子。

❶用绳子绕过枝条后打结。

❷让枝条紧贴花柱。

❸维持枝条紧贴花柱的状态，将绳子缠绕在花柱上。

❹将缠绕在花柱上的绳子打结绑紧。

Lesson 4

牵引④

藤本月季的牵引实例

多样化的牵引方式

藤本月季可牵引在花床、拱门、花柱等各式各样的支撑物上。此外，灌木月季也可牵引成藤本月季般的立体造型。巧妙运用多样化的牵引方式，在春天享受繁花盛开的乐趣吧！

花床

—品种—
瑞伯特尔

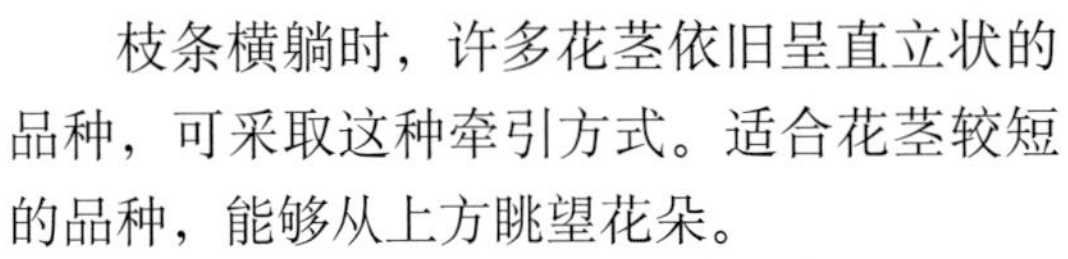

枝条横躺时，许多花茎依旧呈直立状的品种，可采取这种牵引方式。适合花茎较短的品种，能够从上方眺望花朵。

12月下旬牵引，
翌年5月的样子。

12月下旬牵引，
翌年5月的样子。

拱门

—品种—
罗森道夫（前）
撒哈拉98（后）

枝条基部也可开花的品种，牵引成拱门状，花朵一起绽放时会显得极为华丽。适用于庭院入口或通道等处。

直立型灌木月季牵引成藤本月季株型

灌木月季‘浪漫贝尔’牵引成藤本月季株型。植株左半部采取普通修剪方式，右半部则让枝条如同藤本月季般伸长，并牵引在花柱上，一株月季同时呈现两种截然不同的风格。

花柱

—品种—
弗朗西斯

大型花柱的牵引实例。枝条以顺时针及逆时针两种方向缠绕。适用于枝条较多且较长的品种。

12月下旬牵引，翌年5月的样子。

线性牵引

—品种—
伟大的爱

枝条几乎不弯曲，呈直线型牵引。适用于枝条不弯曲也可以长花枝的品种。也可用作垂直绿化墙。

12月下旬牵引，翌年5月的样子。

棚架

—品种—
藤冰山

植株下方不会开花的品种，与拱门相比，更加适合棚架应用，也可让枝条自然下垂并开花。

12月下旬牵引，翌年5月的样子。

微型月季

栽培微型月季的技巧

病虫害的防治对策

将微型月季作为室内或窗边装饰，希望尽可能不枯萎，长时间欣赏。在此将介绍微型月季的栽培重点，让养护管理更显成效。

◈微型月季的栽培重点

- ☐ 处理叶螨
- ☐ 防范与抑制黑斑病的发生
- ☐ 花后修剪
- ☐ 摘除笋芽
- ☐ 盆栽需进行换盆与换土
- ☐ 盆栽需施用追肥（➡P90）

养护 ❶ 花后修剪

微型月季花后修剪的目的与其他月季并无不同（➡P122）。修剪四季开花型品种，是为了使其开花后不结果，能够顺利地长出新花芽；也具有驱除病源的目的。如出现感染灰霉病的花瓣，为避免病情扩散到其他健康的花朵上，修剪下来的染病花瓣不可留在庭院或盆器内，必须立刻处理掉。

花后可用剪刀剪下或用手指折取残花。如为一茎多花的情况，请将开完的花一一摘除。

▲ 在距离花茎基部2厘米处的位置修剪。

▼ 从花茎基部容易摘除，摘下后也不会影响外观。摘除时以中指为轴心，避免指甲划伤植株。

养护 2 驱除叶螨

叶螨，在户外以9月至翌年5月最常出现，室内则是全年都有。一旦发现叶螨，必须立刻用手搓揉消灭。叶螨的繁殖能力很强，2个月后便能产生抗药性并传给后代。请在世代交替前彻底驱除。用强水压冲洗叶背，夏季每天进行，冬季则挑选好天气时进行。坚持约1周即可驱除，之后再喷洒药剂（➡P174）。若叶螨跑到花瓣里，请将花朵处理掉，并用水冲洗以驱除。

◀盆栽横躺，喷水冲走叶片背后的叶螨。冬季选择好天气进行。

养护重点 若是橡皮管，可压住喷水口以提高水压冲力。

养护 3 冬季修剪

微型月季的冬季修剪，若是成株，修剪后株高保留原来的一半。矮丛月季，修剪成中心略高、外侧略低的状态，待花枝生长后会形成圆球状的株型。修剪方式参照其他月季进行即可。

'雪梅杨'

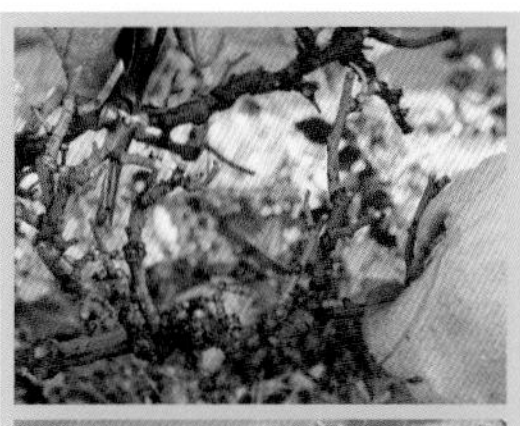

养护重点 枝条杂乱，一个芽一个芽小心地切除，让枝条根根分明。修剪后残余的叶片，也请全部摘除。

微型月季的其他管理作业表

时间	作业	页码
11月下旬至翌年2月下旬	藤本月季的修剪与牵引	➡P152
11月下旬	强剪后施肥	➡P97
全年	换盆	➡P80
1～7月、10月中旬至11月中旬	摘除腋芽	➡P118
全年	病虫害防治	➡P171
1～7月	笋芽的摘心	➡P114
9月中下旬	秋季修剪	➡P126

自然灾害

季节性管理

暑热、寒冷、强风

月季遇到夏季暑热或冬季寒冷，植株生长状态有可能恶化。此外，剧烈的强风也可能把枝条吹断。在此就来介绍月季如何度过寒冬、盛夏以及台风季。

抗暑对策

早晨给水

庭院月季通常不需要给水，但若持续放晴导致地面干燥时，仍须给水。给水请于气温上升前的早晨进行。将积存在橡皮管中的温水全部流掉，待水变凉时再浇水。持续高温干燥时，傍晚也需要给水。

盆栽须置于通风良好处

不要将盆栽月季放在有辐射热的混凝土上，而要放在地面上，同时确保通风良好。置于阳台时，设遮阳网，再将盆栽置于其下，可缓和暑热。但完全不接受日照会导致月季生长不良，（接181页上部）必须费心使其只在午后覆盖遮阳物。

抗寒对策

提高植株的抗寒性

晚秋开花后，只摘除残花，保留多数叶片。这样叶片的养分会回到枝条，让植株变得结实耐寒。另外，施肥太多，月季容易遭受寒害，须特别留意。

植株基部覆盖稻草

植株基部用稻草、稻壳灰等覆盖，也具有御寒效果。11月以后栽培的大苗，也可利用竹竿搭成拱架，然后用无纺布覆盖在拱架上防寒（➡P93）。

基部覆盖稻草或稻壳灰，提高抗寒性。

用落叶或堆肥覆盖防寒

室外气温降至0℃以下，地面结冰的地区，可用落叶或堆肥来御寒。用绳子捆好轻度修剪的枝条后，用薄板立起围栏，高度为株高的一半，再于围栏里放置落叶或堆肥。

积雪地区 打造防雪栅栏

积雪地区容易因雪在枝条上大量积累而导致枝条折损，请在降雪前打造好防雪栅栏。轻度修剪后，在植株周围立起支柱，用无纺布覆盖。

若是藤本月季，应先解开牵引，轻度修剪后再参照相同方式围起来。真正的修剪，请等到雪融化后再进行。

受暑热影响发生的生理现象

不耐热的品种，夏季摘除花蕾不使其开花。如盆栽请更换排水良好的基质。

酷暑导致植株停止生长，叶片变成黄色。

受寒冷影响发生的生理现象

叶片因寒冷而中途停止生长。

叶片出现黑色或白色的烧伤。卷曲的叶片一旦失去养分就会自然掉落。

因寒冷花枝停止生长，埋进枝条中的‘泰迪熊’，变暖就会继续生长。

防风对策

受强风影响发生的生理现象

被强风损伤的叶片。受台风或强风袭击，也可能被自身的刺弄伤。

盆栽移至他处避难

请将盆栽月季移至不会遭受强风的场所。大型盆栽也可以直接横躺摆放。台风过后，若有叶片受损，为预防病虫害，请喷洒药剂。

立起支柱以进行牵引

近年来，不只是威力强大的台风，暴雨与强风也常发生。对矮丛月季与灌木月季来说无须立支柱，但若预先知道强风即将来袭，建议最好还是立起支柱进行牵引，或用绳子把所有枝条捆绑成一体也无妨。台风过后，请尽早解开牵引。

想知道更多！

月季养护Q&A

为何修剪是月季栽培中的重要工作？

A 四季开花型月季若不修剪，无法维持株型。除了冬季修剪，还有摘除笋芽、花后修剪、秋季修剪、春季抹芽，请善加组合这5项作业，维持美观的株型吧！

不修剪任其生长，细枝会增加，无法绽放美丽的花朵。所谓美丽的花朵，指花茎长而笔直、叶片的形状与颜色漂亮，花形、花瓣数量、花色、香气带有该品种的特征。若不进行修剪，很难开出美丽的花朵。加上枝条杂乱，日照与通风相对变差，容易滋生病虫害。

维持漂亮的株型，才能增添赏花乐趣。

没有进行冬季修剪，还长出新芽，这样还能修剪吗？

A 新芽开始活动时的修剪会伴随风险，一发现长新芽就马上修剪，才可将风险降到最低。

在日本，月季若于休眠期进行修剪，到了春季不仅会在剪口下方长出新芽，植株整体也会萌发许多芽。但是，过了休眠期，于新芽开始萌发时进行修剪，将会变成仅有上部芽得以生长，进而导致花量减少，花茎也会变得细短。

Q

一季开花型‘木香花’何时进行修剪会比较好？

A 5月花后，果断地进行整形修剪。日本关东以西，于6月下旬再进行一次弱剪或整形。

植株健康的‘泰迪熊’，从根部将新梢剪除。剪除精力旺盛的强枝以及盖住老枝的长枝条。这么做可削减植株体力，使其长出细短的枝条。‘黄木香花’与‘白木香花’于8月左右会长出花芽（翌年开放）。若参照其他月季于1～2月进行修剪与牵引，会导致花芽受伤掉落，花量变少。

Q

盆栽微型月季若放于室内，为何叶片会慢慢掉落？

A 有可能是日照不足，给水过多，导致根部受损；也可能发生叶螨等。虽然也有可栽培在阴凉处的品种，但仍不建议长时间放于室内。尽量放在窗边，或白天拿到户外晒晒太阳。干旱容易引起叶螨滋生，须勤于防治（➡P163）。

月季的追肥施用化肥。最近，叶缘开始变黄且掉落。

A 叶缘枯萎，是非常严重的信号。原因可能是施用过多化肥导致EC值变高；也可能是植物生长所需的微量元素不足。换土换盆也不一定能挽救。

EC值指土壤中的电导度，一旦变高，土壤的盐类就会变多，是化肥所含盐类（硝酸盐或硫酸盐等无机盐类）在土壤中积累所致。可用仪器进行监测。

庭院栽培月季不会马上表现出症状，盆栽月季则会立刻显现。测定值变高时，若是盆栽请即刻换土；若是庭院栽培月季且无法换土，可深层挖掘，让表土与底土互换。

月季的栽培中，请避免土壤中囤积硝酸盐等无机盐类，建议施用有机肥。

前端呈扫帚状的笋芽。留下靠近植株基部的2条分叉枝，其余剪掉。

没有留意到长出笋芽，到了秋季已变得很长。继续顺其自然生长吗？

A 恕我直言，真的有点可惜了。若及时摘除笋芽，或许有机会变成将来的主干。不摘除笋芽并任其生长，前端会变成扫帚状的分叉枝并结出花蕾，导致养分分散，枝条生长状态变差，最好马上将其切除。

四季开花型月季需进行花后修剪，请问何时修剪比较适当？

A 为了让四季开花型月季下次花早点开放，同时也是替植株着想，应尽早进行花后修剪。若于花枝1/3～1/2的位置修剪，约40天(气温高时30天、秋季40～50天)后会长出下次花枝，然后开花。但于偏高位置修剪，接下来的花会比较早开。花后尽快修剪，可更早享受下次赏花的乐趣。

此外，四季开花型月季一旦开始结果，就不会长出下次花枝，也就是无法四季开花。

花开后尽早修剪，剪下来的花可插入花瓶或制成干花。请在花开始凋零前剪下来吧!

8月于晚秋的花后修剪，为控制之后的秋季修剪与冬季修剪，于花茎下方剪下残花。

残花于花枝一半左右位置的5枚小叶上方修剪。

Q

听说古代月季也可以不抹芽，是真的吗？

A 基本上，一季开花型月季不需要抹芽，顺其自然生长即可。古代月季虽然大多属一季开花型，但其中仍包含四季开花型品种，因此视品种不同来判断是否进行抹芽。中国月季、茶香月季参照现代月季抹芽；法国蔷薇、百叶蔷薇通常不需要抹芽。

请问轻摘心与重摘心有何不同？

A 轻摘心是花蕾还小，或尚未确认是花蕾时，用手指将其摘除；重摘心是在比轻摘心更低的位置进行摘除。重摘心时，若枝条变硬，也可用修枝剪。

摘心具有增加叶片的效果，想让笋芽分枝、调整开花时间、病株再生时也可以进行。根据月季的生长状况，巧妙运用各种摘心，这是月季栽培的技巧所在。

庭院月季，每天给水非常劳心费力。请问有比较轻松的做法吗？

A 庭院月季不需要每天给水，但7月下旬至8月下旬是最需要水的时期，持续放晴多日，导致地面干燥，请给予大量的水分。7月15日过后新梢长出，为了保障新梢的生长，也需要补充水分。不耐热的品种，可通过给水来缓和暑热。5~6月雨量较多，不用过度担心缺水问题。

月季靠吸取土壤中的水分来生长。为吸收水分，根会广泛地延伸生长。因此，庭院月季不须频繁给水。若是盆栽月季，则必须定期给水。

没时间浇水的人，不妨挑选耐旱品种，欧洲苗大多具有较强的耐旱性。

想要栽培四季开花型月季的无刺品种，请问有这种月季吗？

‘春风’

‘木香花’

‘粉红夏之雪’

A 一般来说无刺品种有无刺野蔷薇、‘木香花’（重瓣）、‘夏雪’、‘春风’等。最近也有许多刺少的切花品种。但即使是无刺品种，也可能会因培育方法与环境因素不同而长出刺来。此外，也有枝条上没刺，但叶背有刺的品种。

享受更多月季带来的乐趣！

拍出漂亮的月季照片

想用相片留存月季的美丽姿态吗？要把花朵拍得漂亮，需要一些技巧。

首先，要挑选漂亮的花来拍摄。花瓣不可有脏污、受损或虫蚀，同时也须仔细确认花形是否美观。思考月季哪里美、何处吸引人，从而决定要拍的花朵及拍摄角度。

其次，要大量拍摄。若用数码相机或智能手机拍摄，照片不满意随时可以删除，因此请多方尝试各种花朵与拍摄角度吧！花朵受光角度不同，呈现的影像也会随之改变，尤其是拍成相片后，差距更为明显。

一般来说，拍摄花朵适合在阴天进行。晴天日照过强，顺光拍摄容易产生色偏，或让花瓣阴影过于明显。晴天时若采取侧光或逆光拍摄，不须在意影子，也可拍出表情丰富的照片。也可以在花朵的上方、旁边或下方用白纸反射光来补光。

单反相机大多具备带广角与望远功能的变焦镜头，也可充分用来彰显月季的特色。一般来说，广角端适合用来表现景深，或连同周围景色一起拍摄；望远端则适合用来拍摄花朵特写，或让背景模糊以突显花朵。变焦镜头，可让你一边观看画面，一边切换成广角端或望远端来拍摄。

▶从花朵正面受光为顺光，从旁边或斜面受光为侧光，从花朵后方受光则是逆光。花朵用侧光或逆光拍摄，可让花朵表情更加丰富。

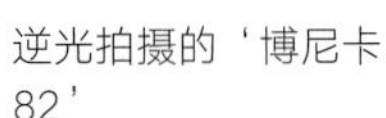

逆光拍摄的‘博尼卡82’

逆光拍摄的‘玛丽月季’

▲广角端，左右的景色皆可宽广入镜，从近处到远方都能清楚对焦。

◀望远端，拍摄画面变窄。对焦范围变小，背景也变得较为模糊。

‘香水月季’

另外，检查一下画面四个角落，避免拍到不必要的东西，也不要只依赖镜头，自己前后左右移动一下，改变站立位置，寻找理想的构图。

Lesson 5

月季的病虫害防治

预防病虫害❶

预防病虫害

改善栽培环境

春季对月季而言是一个重要的季节。急速的温度与湿度变化，使春季成为容易发生病虫害的时期。每天早晨，稍微留意一下天气预报，考虑是否需要给水等，随机应变的管理方式很重要。给水时若不考虑湿度与温度的变化，将会形成易发生病虫害的环境条件。尤其是盆栽月季，管理上比庭院月季更困难，须格外留意。要培育出不容易生病的植株，平时应适当给予锻炼。过度给水与施肥，反而会导致植株更容易生病。

一旦发现病虫害，避免传染范围扩大的应对措施相当重要。请在扩散前喷洒药剂。

月季常给人容易感染病虫害的印象，因此栽培月季时，应改善栽培环境，适时喷洒药剂。请务必了解月季常见病虫害，有效地做好预防措施。

预防病虫害的重点

1 改善栽培环境

打造日照、通风、给水良好的环境。避免密集栽植，让植株基部及枝条都能享受阳光的照射。

'Blaze of Glory'花瓣上因灰霉病产生了红色斑点。

2 选择抗病性强的品种

最近抗病性强、新手也能轻松培育的品种越来越多，选择这类品种也很重要（➡P42）。

3 不施用太多肥料

施肥太多容易长出多余的枝叶。幼嫩枝条与叶片抗性稍差，易感染病虫害。

4 通过日常观察，尽早发现病虫害

每天仔细观察月季的状态，尽早发现病虫害，比如：叶片颜色有别以往、出现不明原因的油亮感等。及时处理，将受害程度降到最低。

适合月季的常用药剂

月季栽培时使用的药剂主要有杀菌剂及杀虫剂，虽然也有同时具备杀菌和杀虫功能的药剂，但较常见的做法，是将两种药剂与加有农药增效剂的水溶液调和后使用，农药增效剂可让药液更容易附着在叶片及害虫上，遇水也不易流失。一旦发现病虫害可马上用喷雾器进行药剂喷洒，非常方便。

杀菌剂

Floraguard AL
（フローラガード AL）
黑斑病、白粉病的专用杀菌剂，直接按压喷头即可使用。
主要成分：四氟醚唑（Tetraconazole）

ST Sapurol 乳剂
（STサプロール乳剂）
黑斑病、白粉病的专用杀菌剂，用于月季时，请稀释1 000倍再用。
主要成分：赛福宁（Triforine）

全效光亮水悬剂
（フルピカフロアブル）
可有效预防黑斑病、白粉病、灰霉病。请稀释2 000~3 000倍再用。
主要成分：嘧菌胺（Mepanipyrim）

Pancho TF 乳剂
（パンチョ TF顆粒水和剤）
预防与治疗白粉病的杀菌剂。请稀释2 000倍后再用。
主要成分：氟菌唑（Triflumizole）、环氟菌胺（Cyflufenamid）

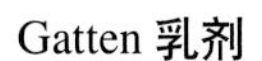

Gatten 乳剂
（ガッテン乳剂）
白粉病的专用杀菌剂，请稀释5 000倍后，于2次内使用完毕。
主要成分：Flutianil

杀虫剂

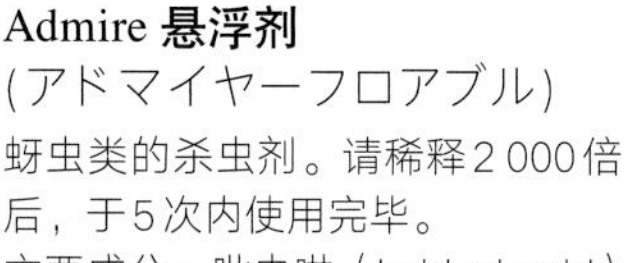

Admire 悬浮剂
（アドマイヤーフロアブル）
蚜虫类的杀虫剂。请稀释2 000倍后，于5次内使用完毕。
主要成分：吡虫啉（Imidacloprid）

介壳虫喷雾
（カイガラムシエアゾール）
介壳虫的专用杀虫剂。可直接使用。
主要成分：噻虫胺（Clothianidin）、甲氰菊酯（Fenpropathrin）

Preo 悬浮剂
（プレオ フロアブル）
棉铃虫的专用杀虫剂。请稀释2 000倍后，于2次内使用完毕。
主要成分：啶虫丙醚（Pyridalyl）

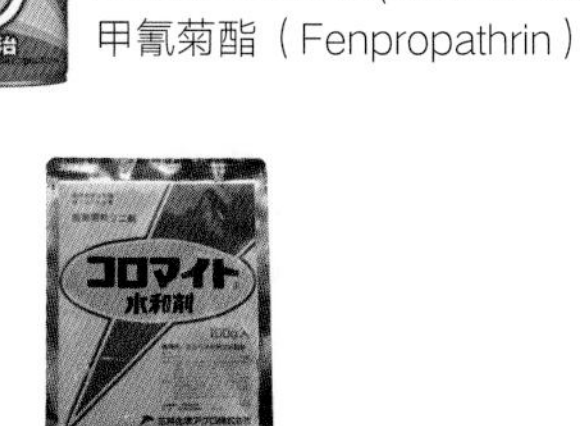

Oromaito
可湿性粉剂
（コロマイト 水和剂）
叶螨类的专用杀虫剂，请稀释2 000倍后，于2次内使用完毕。
主要成分：弥拜菌素（Milbemectin）

Affirm 乳剂
（アファーム乳剂）
棉铃虫、蛀虫、蓟马的专用杀虫剂，请稀释1 000～2 000倍后，于5次内使用完毕。
主要成分：甲氨基阿维菌素苯甲酸盐（Emamectin benzoate）

杀虫杀菌剂

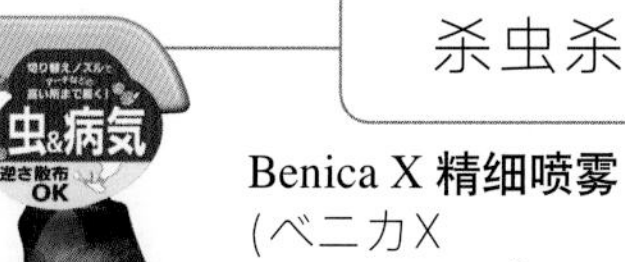

Benica X 精细喷雾
（ベニカX ファインスプレー）
可同时防治黑斑病、白粉病与蛀虫类、金龟子成虫等虫害。直接按压喷头即可使用。
主要成分：噻虫胺（Clothianidin）、甲氰菊酯（Fenproopthrin）、嘧菌胺（Mepanipyrim）

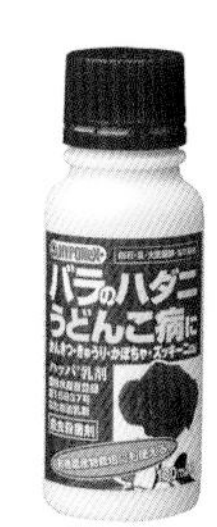

花宝菜籽油乳剂
（ハッパ乳剂）
可同时防治白粉病与叶螨类害虫，请稀释200倍后再使用。
主要成分：菜籽油

农药增效剂

Mix Power
（ミックスパワー）
具渗透性，药效稳定，请稀释3 000倍后用。
主要成分：表面活性剂

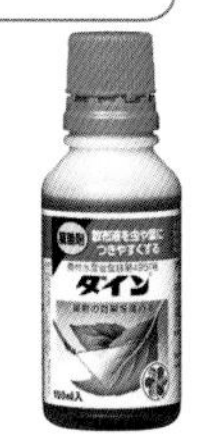

Dain
（ダイン）
可与大部分杀虫剂混用，请稀释3 000~10 000倍后再用。
主要成分：表面活性剂

注：以上为日本的常用药剂，读者可至农药专卖店依照主要成分选择相似的药剂，并依照产品说明书来使用。

预防病虫害❷

喷洒药剂的方法

正确使用很重要

为预防病虫害，待月季新芽长到5厘米左右即可开始喷洒药剂，每周进行1次，并同时喷洒杀菌剂和杀虫剂。喷洒时，不仅要喷洒在叶片与枝条（茎）上，还要喷于地面。若是叶螨专用药剂，叶片背面也需喷洒。有的药剂会导致花瓣颜色脱落，喷洒这类药剂时请避免喷到花瓣上。此外，新芽容易出现药害，请务必按说明书使用。

即使做了预防措施，还是会出现不少病虫害。一旦发现，立即做好应对处理。病害看似痊愈，其实仍残留病原菌，因此还须反复喷洒药剂。

虽然抗病性强的品种数量逐渐增加，但还是无法完全采用无农药的栽培方式。为预防病虫害，请适时适量地喷洒农药。一旦发现病虫害的痕迹，就马上处理。

喷洒药剂的方法与要点

1 喷洒前先确认温度

气温超过25 ℃，容易出现药害。春秋季，选择晴天且在气温上升的中午前处理完毕；夏天选择天气凉爽的早晨或傍晚进行。

2 不要重复喷洒

若反复喷洒相同位置，叶片上浓缩的药剂二次叠加，容易出现药害。请均匀地喷洒药剂，不要重复喷洒。

3 轮流喷洒不同药剂

一直用相同的药剂，病菌及害虫会出现抗药性。尤其是白粉病、蚜虫、棉铃虫、叶螨等专用药剂，建议轮流使用不同的药剂会比较理想。

4 遵守使用方法与稀释倍数

用药前请详细阅读说明书，遵守使用方法及稀释倍数，并用于正确的防治对象。施用药剂并非浓度高，效果就好，有时药剂浓度高可能会出现药害，导致叶片变色、萎缩，或植株暂停生长，甚至还可能使病原菌或害虫产生抗药性。

为了往高处及植株中央喷洒药剂，可选用具有长喷管的喷雾器。

将喷雾器的喷嘴靠近叶片，如同冲水般往叶片表面与背面喷洒药剂。

5 少量配制药液，一次用完

严禁囤放没用完的药液。请少量配制并于当次用完。实在用不完时，请填埋或倾倒在批准的垃圾填埋场，千万不可弃于河流、水池等地。

药液的配置方法

市售的药剂须根据产品说明书来使用。请仔细阅读说明书，遵守使用方法及稀释倍率。为月季喷洒药剂时，将农药增效剂、杀菌剂、杀虫剂混合均匀后再用。

配制1升药液所需的药剂量，可通过右面的公式，将欲配制的药液量除以稀释倍率来求得。根据欲喷洒的药液量，即可计算出必要的药剂量。

计算使用药剂量的公式

欲配制的药剂量 ÷ 稀释倍率 = 使用的药剂量

例：欲配制1升3 000倍液的药液➡1 000（毫升）÷3 000(倍)≈0.33(毫升)

稀释速查表(1升水)								
稀释倍率(倍)	400	500	800	1 000	1 500	2 000	3 000	4 000
溶解的药剂量(毫升)	2.5	2	1.25	1	0.66	0.5	0.33	0.25

注:1毫升液体药剂相当于1克固体药剂。

配制案例

应准备的材料

药剂
- 农药增效剂
- 杀菌剂
- 杀虫剂

工具
- 滴管（计量汤勺等）
- 水桶

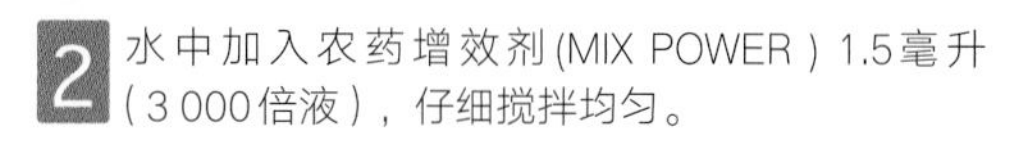

1 在水桶中装入5升水备用。

2 水中加入农药增效剂(MIX POWER）1.5毫升（3 000倍液），仔细搅拌均匀。

3 加入杀菌剂(Floraguard AL) 1.2毫升(4 000倍液)，仔细搅拌均匀。

4 加入杀虫剂(PREO水悬剂) 5毫升(1 000倍液)，仔细搅拌均匀。

Point

稀释不易溶于水的药剂

稀释不易溶于水的药剂有一个小技巧。首先，准备适量的水与药剂，先将药剂加入水桶，再加少量的水并调和。之后，再慢慢加水逐步稀释。若一开始就加入大量水，会无法搅拌均匀。

混合使用多种农药时，先溶解不易溶于水的可湿性粉剂，之后再加入易溶于水的药剂搅拌均匀。

施药时做好防护

一般市售的农药并非完全无害。施药时，请穿防护衣，戴护目镜、面罩、手套，避免直接接触农药。于上风处喷淋，可避免接触药液。另外，喷洒中请避免波及附近的居民、家畜或宠物。喷洒完毕，除清洗防护衣、护目镜、面罩、手套外，脸和手脚也都须清洗干净，穿过的衣服也要与普通的脏衣服分开洗。

病害与虫害❶

栽培月季须格外留意各种病害

传染疾病的病原菌，有其活跃的活动时期环境与条件。管理时若能意识到上述要点，方可降低月季染病的概率。染病的部位须立即修剪和摘除，且为避免感染范围扩大，不可随意放置，须彻底清理干净。

病害❶

白粉病

❖月季的主要病害之一。病原菌是滞留在空气中的常在菌，一旦条件适宜即可侵染植株。此外，避免偏施氮肥，否则月季生长过旺，也容易染病。

发生时期

春秋季，气温15～25℃。

发生部位

新芽、叶片、花蕾、枝条、刺，其中叶片表面或叶背均可发生。

症　状

发病初期多在叶片表面出现白色霉点，并逐渐扩展成霉斑，严重时整个叶面布满白色粉末，有时叶背变红，叶片皱缩、扭曲。

治疗方法

首先，用清水清洗病斑。喷洒药剂时，大量喷洒使其可以冲洗掉孢子，约1周用1次，连续喷施3次。

预防对策

选择抗病性强的品种，保持通风透光，避免氮肥施用过多。

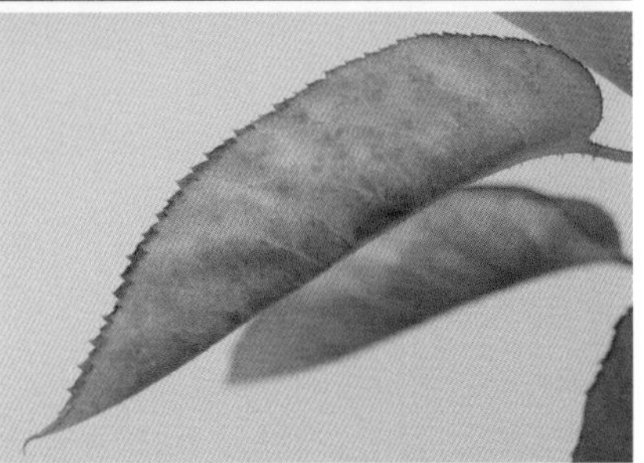

染上白粉病，叶面仿佛附着一层白粉，叶片皱缩、扭曲，叶背变红。

Point

抹芽可预防白粉病

白粉病是新芽萌发时伴随的疾病，因此可通过抹芽来改善。例如，4～5月新芽萌发，请每月替新芽进行1次抹芽，共2次。虽然花量减少，但可防止整株月季被感染。

叶片出现黑色斑点，边缘呈星芒放射状。

病害❷

黑斑病

❖月季的主要病害之一。沿着叶脉长出黑斑，逐渐向叶缘扩展。梅雨季与夏季午后雷阵雨时须多加防范。因此，初期治疗非常重要。黑色病斑上有病原菌，会随雨滴飞散，借助昆虫感染植物。一般从植株下方的叶片开始发病。感染过黑斑病的植株，从早期就得留意。

发生时期
全年。气温20~25℃最容易发生。

发生部位
主要是叶片。

症　状
出现渗入叶片般的黑色斑点，病斑周围很快会变黄，导致叶片掉落。

治疗方法
尽早发现，摘除染病的叶片，同时喷洒药剂。3天喷洒1次，连续用4~5次。摘除的叶片需要彻底清理干净。

预防对策
选择抗病性强的品种。避免密集种植，庭院栽培时可在植株基部铺上大量稻草。若盆栽请将其置于不会淋雨的场所。

铃木 栽培秘笈

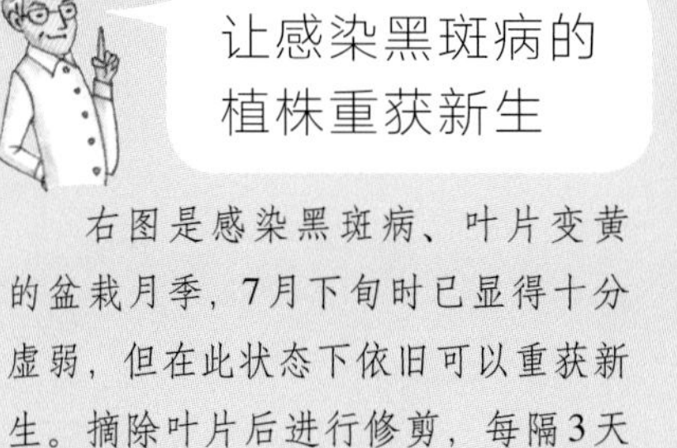

右图是感染黑斑病、叶片变黄的盆栽月季，7月下旬时已显得十分虚弱，但在此状态下依旧可以重获新生。摘除叶片后进行修剪，每隔3天喷洒1次药剂，持续2周，待新芽萌发即可再生。

❶ 感染黑斑病，叶片变黄且几乎掉光。

❷ 全部摘除叶片，对柔嫩枝条进行弱剪。

❸ 约1个月后，这株月季长出新梢。

病害 3

灰霉病

❖ 灰霉病主要在低温多湿时，出现在花朵上的疾病，一开始是花瓣出现水渍状小斑点，并且很快变成褐色，如放任不管，花瓣会腐烂且密被灰色霉层，降雨多时容易出现。平时应保持良好通风，并给予充足日照。

发生时期 全年，持续多湿的时期多发。

发生部位 主要是花和花蕾。

症　状 花瓣附着灰色的霉菌。

治疗方法 尽早处理掉发病的花瓣。洗干净接触过霉菌的修枝剪，并仔细擦干。

预防对策 置于日照、通风良好的场所，尽早剪掉花瓣。

因灰霉病导致花瓣出现褐色斑点的‘Princesse Margaret’

病害 4

锈病

❖ 感染锈病，叶片背面会附着橘黄色小粉块，即病原的夏孢子堆。之后，小粉块变成黑色（冬孢子堆），全株叶片会纷纷掉落。野蔷薇容易感染此病。

发生时期 高温多雨时。

发生部位 叶片、枝条。

症　状 叶片背面出现橘黄色小粉块，随即就会落叶。

治疗方法 剪掉带有病斑的叶片和枝条，同时喷洒药剂。

预防对策 清洁植株基部，利用冬季修剪去除病叶与细枝，保持良好的通风和给水。

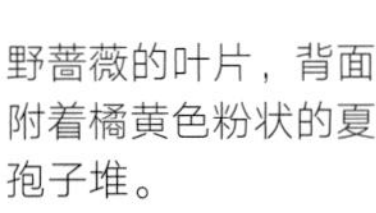

野蔷薇的叶片，背面附着橘黄色粉状的夏孢子堆。

病害5 根癌病

❖ 该病又称冠瘿病，是细菌引起的病害。染病月季的根部或嫁接部位，常出现凹凸不平的肿瘤。感染此病，植株虽然不会枯死，但是会逐渐衰弱，开花质量也会变差。病原菌会在土壤中持续存活数年，从根部或嫁接部位的伤口处侵入。

发生时期 全年，地面温度高时多发。

发生部位 根颈处，根，偶尔会出现在枝条上。

症　状 出现瘤状团块。

治疗方法 用刀片等工具，把瘤挖除。

预防对策 换盆时，基肥选用堆肥或发酵肥。嫁接或扦插时使用的刀片须保持清洁。在给发病植株换盆换土时，将周围的土也一并处理掉。

根癌病也可能出现在枝条上。

铃木栽培秘笈

只要植株健康就能预防枝枯病

枝条变色枯萎的现象被称为枝枯病，但其实枝枯病不是病名，只是用来表示枝条枯萎状态的症状名称，因生病导致枝条枯萎，都被称为枝枯病。

植株的嫁接口、修剪的切口、枝条的伤口等处，偶尔会发现附着某种病菌，导致月季枝枯病发生。变色部位出现许多黑色的小粒点，下雨或湿度高时，这些小粒点会冒出黏性物质，若有枝条受到感染，请从根的基部修剪并彻底清理干净。

枝条枯萎的原因有很多种。病原菌虽是最根本的诱因，但若平时就给予良好的日照与水分管理，使其健康地生长，即使病原菌附着也不会出现严重的伤害。

病害6 霜霉病

发生时期 低温多湿时期。

发生部位 叶片、枝条。

症　状 出现红紫色斑点以及落叶。

治疗方法 将药剂喷洒于整个植株的叶片背面。

预防对策 在气温低的时期给水时，避免将水淋在叶片上。

❖ 感染霜霉病，叶背会出现红紫色斑点，并布满霜状霉层，可造成叶片凋落。病原菌是空气中的常在菌，喜低温多湿，日夜温差大时容易发生。傍晚时浇水也有可能因水温低，导致周围小环境温度降低，结果过了一晚就出现霜霉病。

附着于月季的害虫

一发现就马上驱除

杀虫剂对月季的害虫防治成效不明显的情况很常见，要彻底将其杀灭相当困难。一旦发现害虫的踪迹，请尽早驱除，防止危害范围持续扩大。

蓟 马

蓟马主要锉吸为害月季花瓣，使花朵干枯、畸形。全身呈黑褐色至黄色，细长，体长1～1.5毫米。对花瓣吹气，会迅速移动。除了为害月季，还可为害菊花、康乃馨、柿树、无花果等大多数植物，因此种植距离较近时须格外留意。

发生时期 5～10月，气温高的时期。

发生部分 花、花蕾，也可在叶片上发生。

为 害 状 在花或花蕾上吸取汁液。花瓣到处染上褐色，仿佛长斑一样。

防治方法 切除的花瓣不随意弃置，务必彻底清理干净。发生过于频繁时，请趁早摘除。

蚜 虫

蚜虫群聚寄生在新芽、花蕾等幼嫩部位，吸取汁液养分，妨碍新芽与花朵的发育。病菌可能会从寄生处入侵，蚜虫吐出的蜜露则可能引发煤烟病，看起来仿佛覆盖了黑色煤烟。

发生时期 4～11月。

发生部分 新芽、新梢、新叶、花蕾。

为 害 状 新叶萎缩且颜色变难看，出现褐色斑点，严重时叶片会掉落。

防治方法 一旦发现即刻捕杀，或从叶片上方提高水压进行冲洗。

介壳虫

月季上常见的介壳虫为月季白轮盾蚧，住在长2～3毫米的白色介壳中，枝条与主干看起来像是被白色的东西附着，介壳虫固着在枝干上吸取汁液，被害部位变为褐色，严重时，树势衰弱，甚至枯死。通风不良的环境下尤其容易滋生介壳虫，因此庭院月季须避免密植，周围的庭木也须修剪，并且维持良好的通风与日照。介壳虫大多寄生于蔷薇科果树及覆盆子，因此建议避免与其混栽。

发生时期 全年。

发生部分 枝条、主干。

为 害 状 附着于主干与枝条吸取汁液，导致植株衰弱。大量附着不仅影响植株外观，严重的话还会导致植株枯死。

防治方法 用牙刷把虫刷掉。介壳虫住在壳的内侧，4～5月、7～8月卵孵化时须喷洒药剂。冬季修剪后驱除越冬虫卵也很重要。

天　牛

为害月季的天牛主要是星天牛，成虫长有带白色斑点的黑色翅膀，会在月季主干基部产卵，啃食幼嫩枝条。孵化的幼虫长5～6厘米，乳白色的毛虫状，会啃食主干内部组织。除月季，星天牛也会寄生在槭树科植物上，邻近栽培时须特别注意。

发生时期 6月下旬至7月。
发生部分 成虫为害幼嫩树皮，幼虫从基部为害主干。
为 害 状 幼虫会啃食主干内部，导致枝条枯萎，严重时植株会枯死。
防治方法 一旦发现即刻捕杀。在主干基部放置水果网袋，可捕杀成虫。

斜纹夜蛾

斜纹夜蛾幼虫白天藏在土中，夜间活动，经常为害农作物。成虫的翅膀带有淡褐色条纹，所以被称为斜纹夜蛾。幼虫呈毛虫状，幼时呈淡绿色且在白天行动。老熟幼虫身体会转褐色，体长变成4厘米左右，白天会藏在植株主干基部。与甘蓝夜蛾幼虫很像，也会啃食叶片。两者的成虫都是在夜间活动。

发生时期 5～11月。
发生部分 叶片、花。
为 害 状 幼虫会啃食叶肉，仅残留叶片表皮及叶脉，因此会出现白色透光的斑块。
防治方法 小型幼虫会群聚，一旦发现请即刻摘除叶片并清理干净。发现大型幼虫，应立即捕杀。

金龟子

金龟子种类很多，如豆金龟、铜绿丽金龟、花金龟等，都会啃食花朵。此外，金龟子幼虫是乳白色的毛虫状，会隐居土中啃食根部。

发生时期 5～9月、8～10月。
发生部分 成虫为害花朵与叶片，幼虫为害根部。
为 害 状 啃食痕迹。
防治方法 一旦发现即刻捕杀。

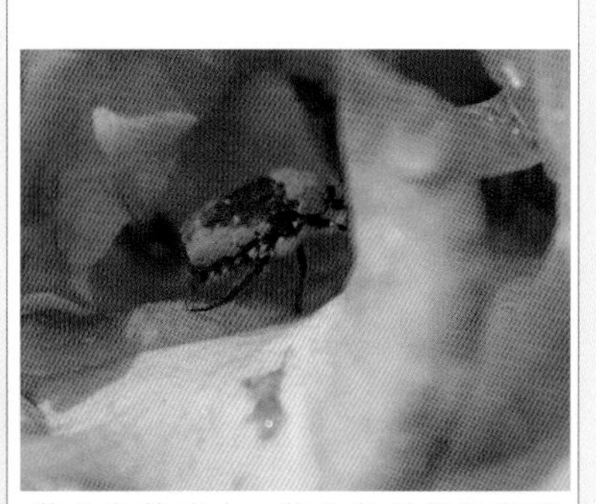

花金龟的成虫。花金龟对颜色有趋性，经常聚集在黄色及白色的花朵上。成虫会吸取汁液，幼虫则藏在土中啃食根部。

叶片被金龟子啃食成缺刻状。洞孔边变红褐色。

叶　蜂

成虫会在幼嫩的枝条上产卵，孵化出来的幼虫会成群啃食嫩叶，啃食到几乎只剩下叶脉。

发生时期 5～9月。
发生部分 幼嫩枝条、幼嫩叶片。
为 害 状 从幼嫩叶片下手，除中央叶脉外几乎被啃食殆尽。
防治方法 一旦发现即刻捕杀。将幼虫聚集的叶片摘除并彻底清理干净。

叶蜂的幼虫。

叶锋的幼虫将幼嫩的叶片啃食得一干二净。

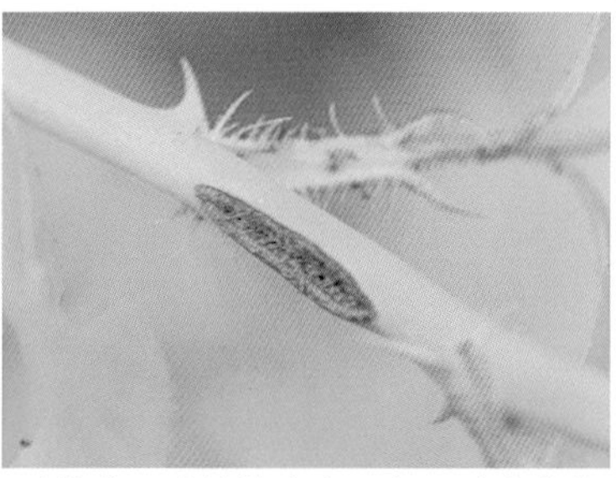

叶锋的卵附着的痕迹。产卵时造成的小伤痕，在枝条生长后变成巨大的裂痕。

叶　螨

叶螨主要寄生在叶片背面吸取汁液。大多伴随梅雨季发生，若旁边栽培多种植物，到了5月也会附着其上。叶螨繁殖力强，2个月后即可繁衍后代。叶螨易出现抗药性，注意轮换使用药剂。一发现请立即水洗（➡P163），再喷洒药剂，设法于1个月内驱除。

发生时期 5～11月。梅雨季容易出现，爆发性增生。

发生部分 叶片背面、花蕾。

为 害 状 一开始会发现叶面有点卷缩，看起来干巴巴的，接着很快就出现淡黄色至白色的碎斑点，发生严重的话叶片会变黄甚至掉落。

防治方法 用水冲洗叶背，持续约1周，然后用杀螨剂驱除，请于开花后使用。

附着于新芽上的叶螨（上）。被害叶片上出现淡黄色斑点（右）。

卷叶蛾

卷叶蛾有许多种类，幼虫会吐丝黏附在叶片上，然后潜藏其中啃食叶片。幼虫长大后体长约3厘米，会在黏附的叶片中变成蛹。

卷叶蛾还可为害茶树、柑橘、葡萄、梨等植物。

发生时期 4～10月。

发生部分 叶片。

为 害 状 叶片重叠卷曲呈闭合状。被啃食的叶片仅残留表皮，停止生长。

防治方法 打开被害虫黏附的叶片，找出幼虫，即刻捕杀。

吐丝附着在叶片上的卷叶蛾（上）。卷叶蛾将叶片折起呈现叠合状态（下）。

象鼻虫

月季上常见的象鼻虫为玫瑰短喙象（中国入境植物检疫性害虫），体长约3厘米。长长的喙在幼嫩的花茎上凿穴，插入产卵管产卵。孵化后的幼虫会啃食枯萎的茎，待茎掉到地面，就会潜入土中变蛹。

发生时期 4～7月。

发生部分 新梢、花茎。

为 害 状 被凿穴的茎会枯萎，很快就会与幼虫一同掉落。

防治方法 一旦发现即刻捕杀。成虫抗药性差，因此请等成虫出现时再喷洒药剂。

玫瑰短喙象成虫（上）。玫瑰短喙象为害状（下）。

月季切叶蜂

成虫似蜜蜂，会把叶片整个切下来筑巢，并在里面产卵，幼虫也是靠吃叶片生长。除了月季，淫羊藿也常受其为害。

月季切叶蜂的啃食痕迹。

舞毒蛾

幼虫会吐丝垂吊，故俗称“秋千毛虫”。成虫体长5～6厘米，有长长的黄褐色毛，会啃食叶片。

发生时期 4～6月。
发生部分 叶片。
为 害 状 叶片被啃食成缺刻状。
防治方法 一发现即刻捕杀。不耐重击，用棒子敲打可致死。

舞毒蛾的幼虫。

月季茎蜂

4月下旬至5月上旬，挑选粗大鲜嫩的新梢凿穴产卵。成虫体长约1.5毫米，体形细长，黑色。卵是在同一茎上逐一产卵，10天左右即可孵化。幼虫会吸食枝条中的汁液，在茎里面变成蛹。若发现新梢前端枯萎，请马上切除并彻底清理干净。

尺　蠖

尺蛾科幼虫统称尺蠖，会啃食叶片或花蕾。月季上常见的尺蠖为玫瑰中夜蛾，常在7月及9～10月出现。

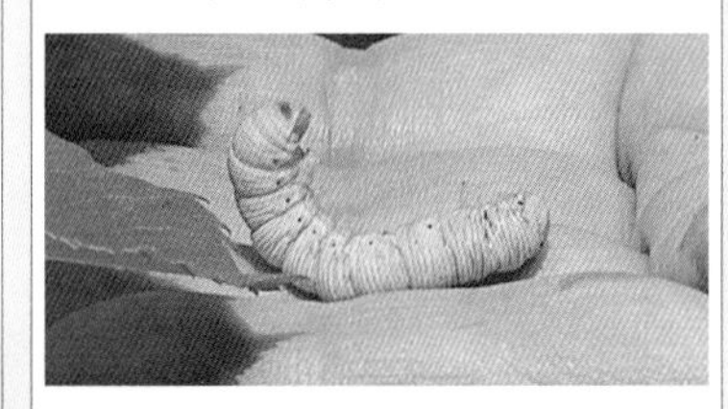

尺蠖。

碧蛾蜡蝉

成虫绿色，在5～11月出现。幼虫会群聚在枝条上，用白色绵状的蜡质物体包裹身体。成虫、幼虫都会在枝梢上吸取树汁。

碧蛾蜡蝉的幼虫。

棉铃虫

在9～10月可见成虫的踪迹。幼虫会啃食叶片及花蕾。不只是月季，也会啃食菊花或蔬菜，长大后会潜入土中变成蛹。

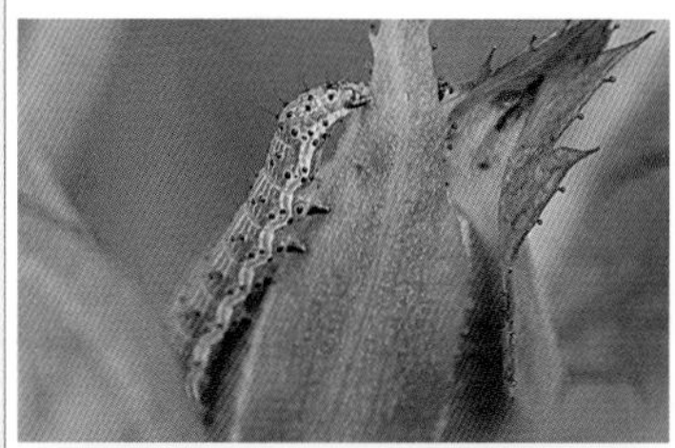

棉铃虫的幼虫（上）与粪便（下）。

淡缘蝠蛾

成虫在8～10月出现。幼虫在土中孵化后，会在枝条或茎干上凿穴并钻入其中，形成隧道啃食残骸。在穴道入口会有粪便及土屑堆积成的盖子，一发现请将其掀开，用铁丝深入穴道加以驱除。

铃木栽培秘笈

请不要遗漏虫害发生的迹象

月季若遭虫害入侵、啃食而导致其枯萎，是一件非常可惜的事。为了不造成遗憾，请别错过害虫的迹象。若枝条看似覆盖有白色粉末，有可能发生介壳虫；若叶片呈现网状的透光性，有可能发生叶螨。

花蕾与新梢周围若有小蝇在飞，则可能存在蚜虫或其他害虫。一旦附着有蚜虫，叶片及枝条的表面看起来油亮亮的，这就是蚜虫分泌蜜露所致。

每天照料之余，仔细观察月季的模样，即可避免错过虫害发生的迹象，以便尽早采取必要的措施。

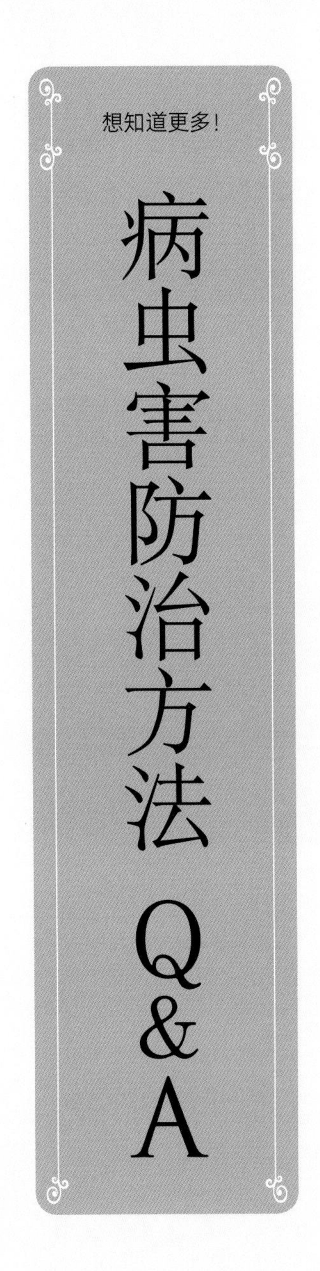

每年都会因叶螨为害庭院月季而困扰。
请问有什么好的防治方法吗？

A 叶螨通常会在雨季出现，请在第一次花凋谢后喷洒杀虫剂。夏季高温缺水，叶螨也可能再度发生。天气好时，可用水冲洗叶背与枝条，以冲散害虫。用手指压住橡皮管出水口使其变形，就能轻松提高水压。若接连多日都是晴天，用水连续冲洗4 ～ 5天。

此外，叶螨会躲在叶柄基部或托叶处越冬，完成冬季修剪后，请将枝条上残留的叶片全部摘除。摘下的叶片不可用作堆肥，请妥善地清理干净，即可驱除越冬的叶螨，降低翌年发生率。

用水冲洗叶背与枝条。

Q 修枝剪在使用前一定要消毒吗？

A 消毒这件事，并非在使用前进行，而是在用完后就得立即处理。切除染病部位后须及时消毒，可防止修枝剪携带的病原菌附着在月季上。平常使用后，也请适时地擦掉树汁、树脂或其他污渍，再用砥石（磨刀石）打磨至锋利的状态。

修枝剪与砥石。

Q 听说栽培伴生植物可以抵御病虫害，对月季也有效吗？

A 多种植物种植在一起时，打造接近自然的多样性生态环境，具有抑制病虫害发生的效果。但是，即使栽培特定的植物，也不可过度期待成效。此外，种植其他植物时，应避免其生长得过于繁茂，否则会抢走月季的养分，导致月季生长不良。同时，也会让通风与日照变差，导致病虫害入侵。伴生植物也是如此，请务必多加留意。

Q 感染了黑斑病的月季，还能用来扦插吗？

A 喷洒药剂后若完全根治就没有问题。避开过于幼嫩和坚硬的枝条，挑选粗2～5毫米的结实枝条。选用没有杂菌的干净基质进行扦插可提高发根率。不要放入肥料，并保持土壤排水良好。

经过20天左右，插穗会开始发根，此时若施用液肥，将有助于今后的生长。若扦插后约1周，叶片变黄或掉落，则代表扦插失败。

Q 我家的庭院窄小，而且与邻居的庭院相连，如何尽量不用农药也能享受栽培月季的乐趣呢？

A 首先，请选种抗病性强的品种，尤其是对黑斑病与白粉病的抗性较强(➡P42)。其次是打造栽培月季必备的环境，即保持良好的日照、通风与排水。不具备这些条件，即使是抗病性强的品种也会生病。

平常仔细观察月季的状态也很重要。一旦发现害虫就马上驱除。月季是通过叶片与枝条的不断生长提供养分，让植株变结实。请利用抹芽促进枝叶生长吧！此外，过多的花一齐绽放会让植株变虚弱，建议于4～5月摘除1/3左右的花蕾，减少花量。

Q 因施用堆肥导致蚯蚓变多。请问蚯蚓是害虫吗？

A 蚯蚓并非害虫，但会吃蚯蚓的鼹鼠对月季而言却是一大困扰。鼹鼠钻进土里时，容易伤到植株根部。鼹鼠虽然不吃月季的根部，但从鼹鼠打的洞钻进去的老鼠会吃。一旦发生鼠害就会导致月季枯萎。

话虽如此，鼹鼠会吃金龟子的幼虫，倒也有益。金龟子危害严重时，除设置捕捉器外，不妨暂时与鼹鼠共存，以驱除金龟子。

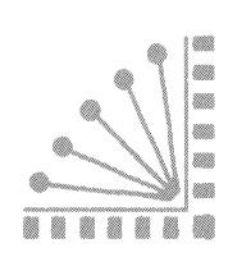

中国著名月季园

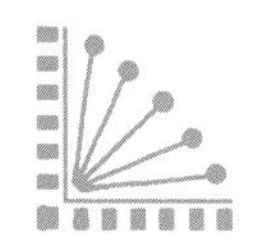

天坛月季公园 地址：北京市东城区天坛东里甲1号 最佳观赏期✣5月上旬至10月中旬	建于1956年，是我国最早的月季主题公园，1959年蒋恩钿女士由美归国，担任天坛公园的月季顾问，在她的指导下，最早开始进行月季植物景观配置探索与月季杂交育种试验。蒋恩钿女士被陈毅元帅誉为“月季夫人”，她为中国月季事业做出杰出贡献
北京植物园月季园 地址：北京市海淀区香山卧佛寺路 最佳观赏期✣5月上旬至10月中旬	建于1993年，园区面积约7公顷，以展示月季的风采和品种多样性搜集、保存月季品种资源为宗旨。月季品种达1 100种，包括原生种、古代月季、野生蔷薇资源、野生月季资源等宝贵资源和珍稀品种
莱州中华月季园 地址：山东省烟台市莱州市云峰南路 最佳观赏期✣5月上旬至7月	建于1987年，分为“一轴、一环、四区”，由牌坊、二十四节气景观柱和月季仙子连成园区中轴线；形如含苞欲放月季花的环路，使整个园区贯穿为一体，共种植月季1 500多种、20余万株
太仓恩钿月季园 地址：江苏省苏州市太仓市玫瑰路3号 最佳观赏期✣4月下旬至6月中旬	建于2009年，以此纪念蒋恩钿女士。公园占地15.3公顷，栽培月季品种700多个，与日本佐仓月季园是友好园，世界月季联合会主席多次来此访问。恩钿月季园的月季栽培、育种技术闻名中外
深圳人民公园 地址：深圳市罗湖区人民北路3071号 最佳观赏期✣12月初至翌年2月末	建于1983年，以月季为主题花卉，园内的中央岛月季园有300多种、5万多株月季。2009年6月，被世界月季联合会评为中国首个“世界月季名园”
常州紫荆公园国际月季园 地址：江苏省常州市天宁区竹林北路与东经120路交叉路口(近百草苑) 最佳观赏期✣4月下旬至6月中旬	建于1996年，种植月季1 000种、3万余株，与日本福山月季园是友好园。它凭借独特的中国古代月季文化、众多的月季品种、丰富的月季文化展览，荣获“世界优秀月季园”称号。
郑州月季公园 地址：河南省郑州市中原区西站路80号 最佳观赏期✣4月下旬至6月中旬	建于2005年，园区面积7.7公顷，有月季品种1 000多个。该园采用现代园林设计手法，贯彻“生态园林”的思想，突出月季主题，充分展示月季栽培、发展的历史文化。郑州月季园重视新品种培育工作，‘黄河浪花’是他们育成的优秀品种
南阳市月季博览园 地址：河南省南阳市孔明北路 最佳观赏期✣4月下旬至6月中旬	占地近70公顷，种植名优月季1 200余种，各类名贵花木800余种，是目前国内最大的月季主题游园。园区建有名贵月季品种园、月季造型园、古桩月季园、盆景月季园、月季文化展览馆等
三亚国际玫瑰谷 地址：海南省三亚市吉阳区博后北路9号 最佳观赏期✣4月下旬至6月中旬	总占地约180公顷，以农田、水库、山林的原生态为主体，以五彩缤纷的月季花为载体，集月季种植、月季文化展示、旅游休闲度假于一体
上海辰山植物园月季园 地址：上海市松江区辰花公路3888号 最佳观赏期✣4月下旬至6月中旬	辰山月季岛以月季构成园林主题，欣赏其姿、色、香为主，面积5 900 $米^2$，栽培有500多种现代月季。最大的亮点就是50多株树状月季，有垂枝型和瀑布型两种，其中9株树干直径已超过10厘米
苏州盛泽湖月季公园 地址：江苏省苏州市相城区太平街道盛泽荡路 最佳观赏期✣5 ~ 7月	坐落于苏州市相城区的盛泽湖畔，是一座园湖一体、以月季为主题的生态休闲风情花园。占地近70公顷，种植藤本月季、地被月季、丰花月季、大花月季、微型月季、树状月季等各类月季600多种、100多万株
世界月季主题园 地址：北京市大兴区魏善庄镇魏北路北侧 最佳观赏期✣5月上旬至10月上旬	第18届世界月季大会上被授牌“世界月季名园”。分十几个特色主题园区，可以看到来自美国、德国、英国等15个国家的约2 000种、近7万株月季

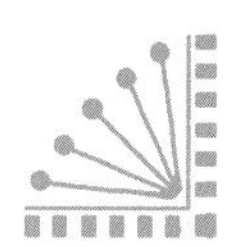

日本著名月季园

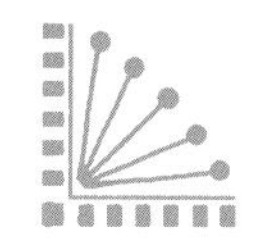

秩父别町月季花园（ローズガーデンちっぷべつ） 地址：北海道雨龙郡秩父别町3条东2丁目 最佳观赏花期✣6月下旬至10月上旬	冬季会把月季植株挖起，移往温室进行管理。虽然位于寒冷地区，还是能欣赏到美丽的月季花。周围有广阔的北海道田园风景，一边享受大自然美景，一边欣赏300种3 000株月季，是悠闲散步的好去处
花卷温泉月季园（花巻温泉バラ園） 地址：岩手县花卷市汤本1-125 最佳观赏花期✣6月上旬至11月上旬	位于花卷温泉的月季园。占地约16 500米^2，种植着450种6 000株以上月季。这里可以欣赏到古代月季。经过细心管理，每一株月季都很美丽
东泽月季花园（東沢バラ公園） 地址：山形县村山市循冈东泽1-25 最佳观赏花期✣6月上旬至7月上旬、9月	占地7公顷，其规模之大在日本屈指可数。这里能欣赏到来自世界各国约750种2万多株月季，是极具观赏性的月季园，也是日本唯一一个被环境省选定为“自然香味风景100选”的月季园，同时也被列为“恋人的圣地”
馆林的秘宝花园（ザ・トレジャーガーデン館林） 地址：群马县馆林市堀工町1050 最佳观赏花期✣5月初至6月下旬、10月至11月上旬	园内有一座利用月季和宿根植物，细心栽培并布置成7个主题的月季花园。除月季外，从4月上旬至6月底，还可以欣赏到芝樱、粉蝶花等
都立神代植物公园 地址：东京都调布市深大寺元町5-31-10 最佳观赏花期✣5月中旬至7月下旬、10月上旬至11月下旬	曾荣获世界月季联合会优秀庭院奖，是左右对称的下沉式公园，种植400种5 200株月季。除月季园，还有樱花、梅花、茶梅、山茶花、水生植物等可以欣赏
京成月季园（京成バラ園） 地址：千叶县八千代市大和田新田755 最佳观赏花期✣5 ~ 11月	占地3万米^2，从原生种到新品种，拥有1 500种7 000株月季。每逢春秋两季的月季节，这里便成为游客汇集的观光景点。附设的花园中心可以购买月季苗
谷津月季园（谷津バラ園） 地址：千禁县习志野市谷津3-1-14 最佳观赏花期✣5~6月、10~11月	拥有7 000株月季。宽4米、长60米的藤本月季隧道非常美丽壮观。园内以喷水池为中心，采用几何设计，空间规划得宜，即使是坐轮椅也能轻松地在园区悠闲游览
河津巴葛蒂尔公园（河津バガテル公園） 地址：静冈县贺茂都河津町峰107 最佳观赏花期✣5月中旬至11月	这是一座真实再现法国巴黎巴葛蒂尔公园的月季园。法式的几何式公园里种植约1 100种6 000株月季。在此处能欣赏到非常珍稀的月季品种
花节纪念公园（花フェスタ記念公園） 地址：岐阜县可儿市濑田1584-1 最佳观赏花期✣5月中旬至6月上旬、10月下旬至11月上旬	与英国皇家月季协会缔结友好关系所建造的公园。占地超过80公顷的园区里种植7 000种3万株月季。其中，世界月季园和各个不同主题造型的月季主题花园都是值得参观的地方
枚方公园（ひらかたパークローズガーデン） 地址：大阪府枚方市枚方公园町 1-1 最佳观赏花期✣5月中旬至6月上旬、11月	公园附设月季园。除用现代月季、古代月季、灌木月季等各种月季设计而成的专类园外，还有一个区域专门种植名品月季。能在园区一边悠闲散步，一边心情舒畅地欣赏600种4 500株月季
RSK月季园（RSKバラ園） 地址：冈山县冈山市抚川1592-1 最佳观赏花期✣5月中旬至6月中旬、10月中旬至11月下旬	以日本山阳广播公司(RSK)的电台播放天线基地为中心，建造了同心圆状花坛所构成的回游式公园。占地3万米^{2}的园区里，种植450种15 000株月季
鹿屋月季花园（かのやばら園） 地址：鹿儿岛县鹿屋市浜田町125 最佳观赏花期✣4月下旬至6月上旬、10月中旬至11月下旬	地处能眺望鹿儿岛湾的雾岛丘公园东侧有一个日本规模最大的月季园。园区占地8公顷，里面栽种了5万株月季。这里可以欣赏到该园自主培育的‘鹿屋公主’

月季名录

A

阿贝 · 芭比尔 Albéric Barbier
阿尔布雷特 · 杜勒 Albrecht Dürer
阿尔封斯 · 都德 Alphonse Daudet
阿斯匹林 Aspirin
矮仙女09 Zwergenfee 09
艾拉绒球 Pomponella
爱莲娜 Elina
安蓓姬 Ambridge
安德烈 · 葛兰迪 André Grandier
安吉拉 Angela
奥林匹克火炬 Olympic Fire

B

白兰度 Bailando
白梅蒂兰 White Meidiland
白色龙沙宝石 Blanc Pierre de Ronsard
半重瓣白蔷薇 Alba Semi-Plena
贝芙丽 Beverly
冰山 Iceberg
波莱罗 Bolero
博尼卡 82 Bonica 82
博斯科贝尔 Boscobel
布莱斯之魂 Blythe Spirit
布罗德男爵 Baron Girod de I'Ain

C

柴可夫斯基 Tchaikovski
超级埃克塞尔萨 Super Excelsa
橙梅兰迪娜 Orange Meillandina
重瓣吸引力 Double Knock Out
传说 Fabulous
春风 Harbulous
纯真天堂 Simply Heaven

D

达芬奇 Leonardo da Vinci
戴高乐 Charles de Gaulle
淡粉红吸引力 Blushing Knock Out
迪士尼乐园 Disneyland
第一次脸红 First Blush
第一印象 First Impression

F

法国花园 Jardins de France
法国蕾丝 French Lace
凡尔赛月季 La Rose de Versailles
芳香蜜杏 Fragrant Apricot
粉豹 Pink Panther
粉红法国蕾丝 Pink French Lace
粉红母亲节 Pink Mother's Day
粉红夏之雪 Pink Summer Snow
粉红重瓣吸引力 Pink Double Knock Out
粉色漂流 Pink Drift
粉妆楼 Clotilde Soupert
弗朗西斯 Francis
弗洛伦蒂娜 Florentina
福利吉亚 Friesia
复古蕾丝 Antique Lace

G

格拉汉托马斯 Graham Thomas
格里巴尔多 · 尼古拉 Gribaldo Nicola
格特鲁德 · 杰基尔 Gertrude Jekyll
功勋 Exploit
古典焦糖 Caramel Antike
光辉 Kagayaki

H

海蒂克鲁姆 Heidi Klum
和平 Peace
和子女士 Mrs Kazuko
荷勒太太 Frau Holle
赫尔穆特 · 科尔 Helmut Kohl
黑巴克 Black Baccara
黑蝶 Kuroch
黑火山 Lavaglut
亨利 · 方达 Henry Fonda
红色龙沙宝石 Rouge Pierre de Ronsard
红狮 Red Lion
红双喜 Double Delight
红心 A Herz Ass
皇家日落 Royal Sunset
皇家树莓 Raspberry Royal
黄金庆典 Golden Celebration
黄色纽扣 Yellow Button
婚礼钟声 Wedding Bells
活力 Alive
火星 Fireglow

J

鸡尾酒 Cocktail
家居庭院 Home & Garden
健壮 Robusta
杰斯特 · 乔伊 Just Joey
金绣娃 Gold Bunny

K

咖啡喝彩 Coffee Ovation
卡尔普罗波格月季 Karl Ploberger Rose
卡里埃夫人 Madame Alfred Carri è re
卡琳卡 Summer Lady
卡琳特 Caliente
卡美洛 Camelot
凯伦 Karen
克莱门蒂娜 · 卡蒂尼尔蕾 Clementina Carbonieri
克劳德 · 莫奈 Claude Monet
克莉斯汀 · 迪奥 Christian Dior
肯特公主 Princess Alexandra of Kent
快拳 Kaikyo

L

拉 · 法兰西 89 La France 89
拉 · 法兰西 La France
蓝宝石 Blue Bajou
蓝色香水 Blue Parfum
蓝雨 Rainy Blue
蓝月 Blue Moon
浪漫宝贝 Baby Romantica
浪漫的梦 Umilo
浪漫古董 Romantic Antike
浪漫丽人 Belle Romantica
浪漫阳光 Sunlight Romantica
勒沃库森 Leverkusen
雷纳 · 安茹 René d'Anjou
黎塞留主教 Cardinal de Richelieu
里约桑巴舞 Rio Samba
历史 History

专业术语

一季开花
只在春天开一次花的习性。原生种及古代月季居多。

重复开花
春天开一次花后，会不定期反复开花的习性。

四季开花
一年四季反复开花的习性。

新苗
8～9月采用芽接法繁殖的植株、1～2月采用切接法繁殖的植株、在春季换盆的嫁接苗。于3月下旬至7月上市。

大苗
采用芽接法及切接法繁殖的植株，在大田里发育一年后的苗。于9月下旬至翌年3月上市。

新梢
当年发育而成且状态良好的枝条。

侧枝
从枝条上部发育出来的强壮枝条。

笋芽
从植株基部发育的强壮枝条，将来会成为植株主干。

修剪
替庭木及果树切除枝条或藤蔓的作业。通过修剪来限制月季的花朵数量，维持良好的株型，让花枝变长，花朵开得更大。

牵引
针对藤本月季进行修剪、整形，让枝条横展或缠绕绑定在拱门、墙面及花架等物体上的作业。

摘心（摘芽、摘蕾）
摘除新梢前端或摘除花蕾。

花期调控
通过抹芽、加温或低温处理、使用植物生长调节剂等方法，让花朵于非自然花期绽放的作业。月季栽培主要是利用抹芽来进行花期调控。

遮光
遮住光线，以营造阴凉环境，也称为遮阴。

基肥
种植月季前，投入植株种植穴内或混入土壤中的肥料。

追肥
基肥后施用的肥料，称为追肥。

冬肥
追肥的一种，因在冬季施用故称为冬肥。在距庭院月季植株基部一定距离处挖施肥穴，放入肥料。

砧木
月季采用嫁接繁殖时，用来承受欲繁殖的月季芽的植株。

接穗
准备用来嫁接繁殖的月季植株。嫁接时，切取接穗的芽接在砧木上。

插穗
扦插时，切取适当长度的枝条插入土中，此类枝条被称为插穗。

幼苗移植
将嫁接及扦插繁殖的苗从苗床移植到盆器中的栽培方法叫幼苗移植。

换盆
盆栽植株在生长过程中，移植到其他盆器中，或用相同盆器但替换新土来栽种。

团粒构造
土的粒子与土壤内的有机质联系，变成小团状的构造。团粒构造的土，排水性、保水性良好，适用于月季栽培。

连作障碍
某种作物在同一块地再次栽种时，出现发育不良或收获减少的现象，称为连作障碍。

营养生长
植物的营养器官，如叶、茎、枝条分化所形成。

芽变
芽突然发生变异，一部分枝条出现与原植株不同特性的现象，称为芽条变异，此类枝条则称为芽变。

休眠
植物种子或芽停止生长。一般指在寒冷或干旱等不适合生长的环境下，月季暂时停止生长的状态。

蒸腾作用
植物体内的水分从叶片及茎变成水蒸气流失。

盲枝
花芽在形成阶段停止发育的枝条。受日照或温度影响所致。